AF649354

WAS IST WAS

NATURWISSENSCHAFTEN easy!

ALLES IST ZAHL!

Natürlich, irrational und unendlich

Dr. Wolfgang Blum

TESSLOFF

Inhaltsverzeichnis

Mathematik ist überall

Natürliche Zahlen

Eine nach der anderen

Noch mehr Zahlen

Mathematatik

ist überall

Mathematik kennen wir alle aus der Schule. Doch geht es in dem Fach nur ums Rechnen? Auf keinen Fall! Die sogenannte Königin der Wissenschaften ist weit mehr als das kleine Einmaleins. Bei Mathe geht es darum, logische Zusammenhänge aufzuspüren und zu untersuchen. Dabei dreht es sich zwar oft, aber nicht nur, um Zahlen. Die Geometrie etwa untersucht Figuren wie Dreiecke, Kreise oder Kugeln, die Wahrscheinlichkeitsrechnung zufällige Ereignisse.

Grundlage der Zivilisation

Seit Jahrtausenden beschäftigen wir Menschen uns mit der Mathematik. Und immer wieder trugen ihre Erkenntnisse dazu bei, dass sich die Zivilisationen entwickelten. In der heutigen Zeit sind wir ständig von ihren Erfolgen umgeben. Denn ohne Mathematik gäbe es keine Handys, keine Computer, keine Autos, keine Stromversorgung, keine Kühlschränke. Auch wenn das nicht immer auf den ersten Blick sichtbar ist: Hinter jeder Technik steckt Mathematik! Komplizierte Rechnungen steuern Motor, Katalysator und Bordcomputer im Auto, die zahlreichen Apps im Handy oder die verschiedenen Programme der Waschmaschine. Gerade ihre Abstraktheit macht die Mathematik so stark. Abstrakt bedeutet, dass etwas nicht wahrnehmbar und gegenständlich ist, sondern theoretisch und in Gedanken stattfindet. Die Mathematik führt jedes Problem auf seinen Kern zurück. Ob es um effiziente Wasserkraftwerke, spritsparende Flugzeuge oder saugfähige Babywindeln geht, ist ihr egal. Denn immer strömt etwas. Und ob das nun Wasser, Luft oder Urin ist, macht keinen Unterschied. Die Rechnungen bleiben gleich.

Erfolg mit Mathe
Alle großen Internetfirmen sind dank Mathe groß geworden. So berechnen Google, Amazon und Co etwa aus unserem bisherigen Verhalten, was sie uns künftig anbieten. Und das gelingt nur dank ausgeklügelter Rechenverfahren.

Die Königin der Wissenschaften
Viele nennen die Mathematik die Königin der Wissenschaften. Denn anders als in anderen Fächern zählen bei ihr weder Beobachtungen noch Versuche. Sie setzt allein auf logisches Denken.

➜ Schon gewusst?

Es gibt in der Mathematik verschiedene Teilgebiete. Mit vielen von ihnen hast du ständig zu tun: Mit der Arithmetik, wenn du das Wechselgeld im Laden nachzählst, mit der Optimierung, wenn du auf dem kürzesten Weg nach Hause radeln willst, oder mit der Wahrscheinlichkeitsrechnung, wenn du mit Würfeln oder Karten spielst.

Wohin fliegt der Ball?

Wusstest du, dass du sogar beim Fußballspielen Mathematik verwendest? Die Flugkurve des Balles lässt sich nur mit komplizierten Formeln berechnen. Glücklicherweise kannst du auch aus deiner Erfahrung abschätzen, wo die Flanke wahrscheinlich landen wird.

Überall Mathematik

Mathematik ist unverzichtbar für unsere moderne Welt. Ohne sie gäbe es keine Technik. Zudem bewahrt sie uns vor Krankheiten und hilft Politikerinnen und Politikern, richtige Entscheidungen zu treffen.

Woraus besteht Mathe?

Arithmetik
Welche Zahlen gibt es? Neben den ganzen Zahlen geht es um Brüche, Wurzeln und kompliziertere Zahlen. Die Arithmetik befasst sich mit den Gesetzen, die beim Rechnen mit diesen Zahlen gelten.

1	2	3	4	5	6	7	8	9	10
11	12	13	14	15	16	17	18	19	20
21	22	23	24	25	26	27	28	29	30
31	32	33	34	35	36	37	38	39	40
41	42	43	44	45	46	47	48	49	50
51	52	53	54	55	56	57	58	59	60
61	62	63	64	65	66	67	68	69	70
71	72	73	74	75	76	77	78	79	80
81	82	83	84	85	86	87	88	89	90
91	92	93	94	95	96	97	98	99	100

Zahlentheorie
Welche Eigenschaften haben die natürlichen Zahlen 1, 2, 3, 4 und so weiter? Welche Regeln zu ihrer Teilbarkeit gibt es? Und welche Eigenschaften haben die sogenannten Primzahlen, also die Zahlen, die nur durch sich selbst und 1 ohne Rest teilbar sind?

Algebra
Wie kann man Gleichungen lösen und gibt es Verfahren, die immer funktionieren? Abstrakter wird es bei der sogenannten höheren Algebra, die strukturelle Zusammenhänge zwischen Größen untersucht. Obwohl sie sehr abgehoben wirkt, wird sie häufig in der Physik eingesetzt.

Analysis
Dieses Teilgebiet befasst sich mit Grenzwerten. In seinem Mittelpunkt stehen die Differential- und die Integralrechnung, die an Schulen in der Oberstufe unterrichtet werden. Dabei geht es darum, Bewegungen wie Flugkurven mathematisch zu beschreiben.

Wenn du 2898 durch 63 ohne Papier und Stift dividieren kannst, bist du super im Kopfrechnen. Aber als mathematische Leistung gilt das nicht. Zu erkennen, dass es keine größte Zahl geben kann, hingegen schon. Überlegst du dir, dass man zu jeder Zahl 1 dazuaddieren kann und so eine größere Zahl erhält, es daher also keine größte Zahl geben kann, dann machst du Mathematik. Denn anders als beim Rechnen hast du nicht nur auswendig gelernte Regeln angewandt, sondern einen logischen Schluss gezogen. Und genau darum geht es in Mathe: Wie kann man aus gegebenen Voraussetzungen alle möglichen Folgerungen herleiten?
Ein wesentlicher Punkt bei der Mathematik ist die Abstraktion. Hier ein Beispiel dazu, denn das geht schon mit den Zahlen los: Die Zahl 3 etwa ist unabhängig von dem, was gezählt wird. 3 Äpfel, 3 Birnen, 3 Menschen oder 3 Eigenschaften – die einzige Gemeinsamkeit ist die Anzahl. Jeder andere Inhalt wird ausgeblendet.

Nicht reale Dinge, sondern Ideen
Mit Zahlen beschäftigen sich die Gelehrten schon seit Jahrtausenden. In den vergangenen Jahrhunderten kamen zahlreiche weitere mathematische Objekte dazu: zum Beispiel Geraden, Kreise, Funktionen, Integrale oder Wahrscheinlichkeiten. Gleichzeitig entfaltete sich das Fach in viele Teilgebiete. Heute kann es keinem noch so genialen Menschen gelingen, alle diese Gebiete zu beherrschen. Dafür hat sich die Forschung viel zu sehr spezialisiert.

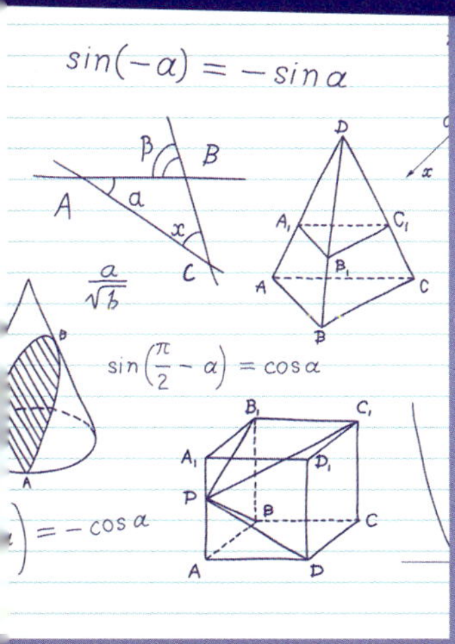

Geometrie

Welchen Flächeninhalt haben Figuren in der Ebene, welches Volumen Körper im Raum? Wann sind sich zwei Figuren ähnlich? Wie kann man die Winkel in einem Dreieck berechnen? Bereits in der Antike studierten die Gelehrten ausführlich die Geometrie.

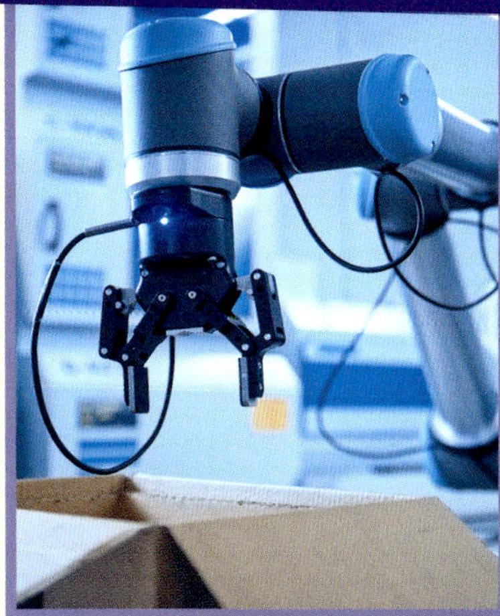

Angewandte Mathematik

Wie lässt sich mit den theoretischen Erkenntnissen der Mathematik die Wirklichkeit berechnen? Mathematische Theorien sind oft so abstrakt, dass sie sich nicht direkt auf reale Probleme anwenden lassen. Diese Lücke soll die Angewandte Mathematik schließen.

Wahrscheinlichkeitsrechnung

Aus der Untersuchung des Glücksspiels heraus hat sich dieses Teilgebiet entwickelt. Wie kann man berechnen, wie wahrscheinlich ein bestimmtes Ereignis eintritt? Beispiele: das Würfeln von mehreren Sechsern, fünf Richtige im Lotto oder ein Schadensfall bei einer Haftpflichtversicherung.

Optimierung

Wie lässt sich unter gegebenen Voraussetzungen die bestmögliche Lösung finden? Ein berühmtes Beispiel ist das sogenannte Problem des Handlungsreisenden: Wie kann man den kürzesten Weg berechnen, auf dem ein Reisender eine bestimmte Anzahl von Städten besuchen kann?

Statistik

Wie kann man aus der Untersuchung von wenigen Fällen auf allgemeingültige Zusammenhänge schließen? Vor politischen Wahlen etwa werden ein paar Tausend Bürgerinnen und Bürger gefragt, wo sie ihr Kreuz machen. Daraus errechnen Institute, welches Ergebnis bei der Wahl zu erwarten ist.

Spieltheorie

Weder um Glücks- noch um Denkspiele geht es bei dieser Teildisziplin. Vielmehr untersucht sie rationales Verhalten in menschlichen Konflikten. Wie kann man zum Beispiel in Verhandlungen sein Ziel erreichen, wenn auch die andere Seite ihre Ziele verfolgt? Welche Strategien erweisen sich als erfolgreich?

Der Blick fürs Wesentliche

Mathematische Objekte sind keine realen Dinge, sondern Ideen. Redet etwa ein Mathematiker von einem Kreis, so meint er damit nicht einen Strich auf einem Stück Papier, sondern die Vorstellung aller Punkte, die vom Mittelpunkt den gleichen Abstand haben. Er sieht also von allem ab, was nicht zwingend zur Idee eines Kreises dazugehört, und konzentriert sich nur auf die wesentlichen Eigenschaften.

Die Königin der Wissenschaften

Die Mathematik gilt bei vielen Menschen als die Königin der Wissenschaften. Denn im Vergleich zu allen anderen Disziplinen gelten bei ihr einmal als richtig erkannte Zusammenhänge für immer. Was einmal bewiesen wurde, gilt also für die Ewigkeit! 3 mal 3 ist ein für alle Mal 9. Und die Winkel eines Dreiecks ergeben zusammengerechnet 180 Grad, im Altertum genauso wie im nächsten Jahrhundert. Das gibt es in keiner anderen Wissenschaft. Ganz schön cool, oder?

Alles logisch?!
Kann man mit Dominosteinen ein Schachbrett ohne zwei gegenüberliegende Eckfelder vollständig abdecken?

Nur Beweise zählen

In anderen Fächern wie Physik, Chemie, Biologie oder Soziologie gelten Theorien als richtig, wenn viele Beobachtungen und Versuchsergebnisse für sie vorhanden sind. Stehen neue Erkenntnisse im Widerspruch zu alten Theorien, verwerfen Wissenschaftlerinnen und Wissenschaftler das bisher Gültige und formulieren neue Behauptungen. So widerlegte etwa Isaac Newton im 17. Jahrhundert so manche physikalische Theorie, die seit der Antike galt. Ungefähr 200 Jahre später wiederum zeigten Albert Einstein und andere der Newton'schen Physik ihre Grenzen auf. In der Mathematik zählen hingegen Beobachtungen und Versuche nicht. Hier gilt ein Satz nur dann als wahr, wenn er mit logischen Überlegungen bewiesen wurde.

Die Kraft des logischen Denkens

Um den Unterschied besser zu verstehen, kommt hier ein Beispiel: Ein Schachbrett hat 8 mal 8, also 64 Felder. Nehmen wir zwei gegenüberliegende Eckfelder weg, bleiben 62 Felder übrig. Und jetzt folgende Frage: Kannst du diese 62 Felder mit 31 Dominosteinen, die jeweils die Größe von zwei Feldern haben, vollständig überdecken? Gehst du so vor, wie es in den meisten Naturwissenschaften üblich ist, fängst du an, die Dominosteine in verschiedenen Anordnungen auszulegen. Nach einigen vergeblichen

Versuchen kommst du dann zu dem Schluss, dass die Aufgabe nicht zu lösen ist. Da es viele Millionen verschiedene Anordnungen gibt, kannst du dir aber nie ganz sicher sein, ob du die richtige übersehen hast. Der Gedanke kann frustrierend sein. Aber vielleicht findet ja doch noch jemand eine Lösung.
Eine Mathematikerin oder ein Mathematiker geht die Sache prinzipieller an und überlegt sich, dass zwei gegenüberliegende Eckfelder immer dieselbe Farbe haben. Daher bleiben bei den 62 Feldern entweder 30 weiße und 32 schwarze übrig oder andersherum 32 weiße und 30 schwarze. Ein Dominostein bedeckt zwei benachbarte Felder. Die haben immer verschiedene Farben. Daher bedecken 31 Dominosteine immer 31 weiße und 31 schwarze Felder. Also kann keine einzige der vielen Millionen möglichen Anordnungen alle 62 Felder bedecken. Klingt eigentlich ganz logisch, oder?

Kurz und knapp

In den Naturwissenschaften werden Versuche gemacht und daraus allgemeine Regeln abgeleitet. In der Mathematik vertrauen wir nur auf die Kraft des Denkens. Was kann logisch aus den Voraussetzungen gefolgert werden?

Keine Wissenschaft ohne Mathe

Die Mathematik geht zwar anders vor als alle anderen Fächer. Dennoch kommt kaum eine Wissenschaft heute ohne sie aus. Die Physik versucht schon seit langem, die Welt in Formeln auszudrücken. In der Biologie wird an Rechenmodellen gearbeitet, um vorherzusagen, welche Tierarten vom Aussterben gefährdet sind. Und die Vererbungslehre wäre ohne Wahrscheinlichkeitsrechnung bis heute unbekannt. In der Medizin berechnen Fachleute die Ausbreitung ansteckender Krankheiten. Selbst in den sogenannten Geisteswissenschaften wie Soziologie, Politologie oder Philosophie nehmen mathematische Verfahren stark zu.

Schwarze Schafe

Den Unterschied zwischen Mathematik und anderen Wissenschaften verdeutlicht folgender Witz: Ein Ingenieur, eine Physikerin und ein Mathematiker fahren mit dem Zug nach Frankreich. Nach der Grenze sehen sie durchs Zugfenster ein schwarzes Schaf. Darauf sagt der Ingenieur: »Sieh an, in Frankreich sind die Schafe schwarz.« Die Physikerin verbessert ihn: »In Frankreich gibt es mindestens ein schwarzes Schaf.« Daraufhin der Mathematiker: »Nein, werter Kollege und werte Kollegin. Wir wissen nur: In Frankreich gibt es mindestens ein Schaf, das auf mindestens einer Seite schwarz ist.«

Erfolgsformeln

Mathematik begegnet uns ständig: in der Technik, in der Wirtschaft, in der Medizin, im Sport, bei der Wettervorhersage. Das Verrückte ist: Meist merken wir es gar nicht! So sehr sind wir daran gewöhnt, dass Handys und Autos funktionieren, Bestellungen reibungslos ablaufen, Röntgen- und Ultraschallbilder gestochen scharf sind, unser Lieblingsverein eine super Leistung zeigt und wir vor Gewittern gewarnt werden. Doch überall steckt Mathematik dahinter.

Mit Mathe durch Corona

Mit mathematischen Modellen lässt sich vorhersagen, wie sich ansteckende Krankheiten verbreiten. In der Corona-Krise konnten Wissenschaftlerinnen und Wissenschaftler so abschätzen, wie sich einzelne Maßnahmen der Regierung auswirken. Sie spielten in den Modellen viele Fragen durch: Was bringt es, wenn alle in geschlossenen Räumen Maske tragen, wenn Gaststätten und Hotels dichtmachen, wenn Schulen und Kindergärten schließen? Es gab sogar genaue Berechnungen, wie viele Menschen an Veranstaltungen in Räumen teilnehmen können, ohne dass ihr Risiko zu groß wird, sich mit Corona zu infizieren.

Numb3rs

In der Fernsehserie »Numb3rs« klären zwei Brüder komplizierte Kriminalfälle mithilfe der Mathematik auf. Einer von beiden bringt es auf den Punkt: »Wir wenden täglich Mathematik an. Um das Wetter vorherzusagen, Zeit zu messen, Geldgeschäfte abzuwickeln. Mathematik ist mehr als nur Formeln und Gleichungen. Sie ist Vernunft. Mit ihr kann unser Verstand die größten Rätsel lösen, die wir kennen.«

Das Ziel liegt links

Wenn uns das Navigationssystem innerhalb von Sekunden den besten Weg zum Ziel ausrechnet, steckt ausgeklügelte Mathematik dahinter. Das Gerät nimmt zunächst Kontakt zu mindestens drei Satelliten auf, die die Erde in einer Höhe von rund 20 000 Kilometern umkreisen. Aufgrund der Zeit, die die Funksignale zum Satelliten und zurück brauchen, bestimmt das Navi oder Handy bis auf wenige Meter genau die eigene Position. Dann ermittelt es mithilfe seiner eingespeicherten Straßenkarten die schnellste Strecke zum Ziel. Und ganz nebenbei verarbeitet es sogar noch aktuelle Meldungen über Staus und Verkehrsbehinderungen.

Direkt ans Ziel
Ganz normal für uns: Das Navi weist uns den Weg. Dank Mathe und Satellitensignalen berechnet das kleine Gerät innerhalb von Sekunden den schnellsten Weg zum Ziel.

Doch ist das Navi bei Weitem nicht der einzige Nutzen der Mathematik, wenn wir irgendwo hinkommen wollen. Im Auto sorgt sie für eine optimale Steuerung des Motors und verhindert das Blockieren der Räder bei einer Vollbremsung. Sie hilft, in Kurven die Spur zu halten, und regelt das Klima im Innenraum. In Straßenbahn, Bus und U-Bahn sorgen mathematische Verfahren für reibungslose Anschlüsse und den bequemen Kauf einer Fahrkarte per App. Bei Flügen sorgt Mathematik für sichere Flugrouten, spritsparenden Antrieb und reibungslosen Check-in. Selbst bei der Entwicklung von Fahrrädern ist Mathematik ein unverzichtbarer Bestandteil: Sie regelt zum Beispiel Akku und Motor im E-Bike.

Alle sollen sich wohlfühlen

Selbst bei Themen, die nichts mit Technik und Computern zu tun haben, spielt die Mathematik eine zunehmend wichtige Rolle. So haben Wissenschaftlerinnen und Wissenschaftler etwa nachgespielt, wie Menschen nach Europa einwandern. Unter welchen Bedingungen fügen sie sich in die Gesellschaft ein? Wann kapseln sie sich ab und wie gelingt es, dass sich Neuankömmlinge und Einheimische wohlfühlen? Erstaunlich und ziemlich praktisch, dass auch so etwas Mathematiker und Mathematikerinnen mit ausgeklügelten Modellrechnungen untersuchen können!

Google, Amazon und Co

Wusstest du, dass eines der größten Unternehmen der Welt seinen Erfolg nahezu ausschließlich der Mathematik verdankt? Google konnte sich gegen seine Konkurrenten durchsetzen, weil die US-amerikanische Firma das beste Verfahren hatte, um im Internet das zu finden, was die Menschen suchen. Und da die Konkurrenz logischerweise nicht schläft, verfeinert Google diesen sogenannten Suchalgorithmus laufend mit ausgeklügelten Rechnungen. Aber auch Streaminganbieter wie Netflix oder Online-Kaufhäuser wie Amazon setzen auf Mathematik – zum Beispiel um aus dem Nutzungsverhalten die passenden Empfehlungen herauszufiltern.

Stau aus dem Nichts

Viele Verkehrsstaus entstehen an Baustellen oder infolge von Unfällen. Oft kommt es aber auch zu einem Stau aus dem Nichts. Wie der entsteht, haben Profis aus der Mathematik und Verkehrsforschung herausgefunden. Dazu spielten sie den Verkehr auf einer stark befahrenen Straße im Computer nach und fanden so heraus, wie es zu einem Stau ohne Verkehrsbehinderung kommen kann. Schert etwa ein Lastwagen auf die linke Spur aus, muss das folgende Auto seine Geschwindigkeit verringern. Bemerkt das dessen Hintermann zu spät, muss er stärker abbremsen.

Muss seine Nachfolgerin wiederum noch etwas heftiger aufs Bremspedal steigen, kann die Bremserei schließlich bis zum Stillstand führen. Bei stark befahrenen Strecken können sich so auch ohne Baustelle und Unfall kilometerlange Staus bilden.

Natürliche Zahlen

Wir leben in einer Welt der Zahlen. Sie sind überall um uns herum: Schulnoten, Preise, Sportergebnisse, Aktienkurse, Altersangaben, Statistiken aller Art. Schon bevor Kinder in den Kindergarten kommen, lernen sie zählen: eins, zwei, drei, vier … Das sind die sogenannten natürlichen Zahlen – also alle Zahlen, die größer als null sind und die ganz sind, also keine Bruchteile enthalten wie zum Beispiel eineinhalb. Sie bilden die Grundlage der Mathematik und unserer ganzen Zivilisation.

Alte Knochen

Unglaublich: Schon in der Steinzeit kannten die Menschen die natürlichen Zahlen. Das belegen Funde von bearbeiteten Knochen. Der wohl älteste Beleg ist der Schenkelknochen eines Pavians, in den vor rund 35 000 Jahren jemand 29 Kerben geritzt hat. Ob der Schnitzer mit seiner Liste Tage gezählt hat oder seine Jagderfolge dokumentieren wollte, wissen wir allerdings nicht.

Abstraktes Denken

Um mit Zahlen umgehen zu können, mussten unsere Vorfahren abstrakt denken. Es ging darum, die Gemeinsamkeit von drei Beutetieren, drei Kokosnüssen oder drei Menschen zu erkennen. Denn erst dann ergeben Kerben in einem Knochen Sinn. Neben Kerben, Stöcken, Knoten und Steinchen verwendeten die Menschen seit Urzeiten dieselben Hilfen zum Zählen und Rechnen wie kleine Kinder: ihre Finger. Reichten die nicht aus, griffen viele Naturvölker auf die Zehen zurück.

Adam Ries
Erst als Rechenmeister wie Adam Ries dem einfachen Volk das Rechnen mit Stift und Papier beibrachten, konnten sich Handwerk und Handel entwickeln.

Die magische Zahl
Rechnest du mit einer dreistelligen Zahl auf bestimmte Weise, kommt immer 1 089 heraus – ganz egal mit welcher Zahl du anfängst!

Rechenautomaten

Lange Rechnungen empfanden die Menschen schon immer als lästig. Daher erfanden sie Apparate, die das übernehmen sollten. Die ersten Rechenmaschinen wurden schon vor 400 Jahren erfunden!

Psst ... top secret!

Du willst supergeheime Nachrichten schreiben? Dann brauchst du einen sogenannten Code, eine Verschlüsselung. Mathematikerinnen und Mathematiker haben dazu zahlreiche Verfahren entwickelt. Ohne sie wären weder Online-Banking noch elektronische Kommunikation möglich.

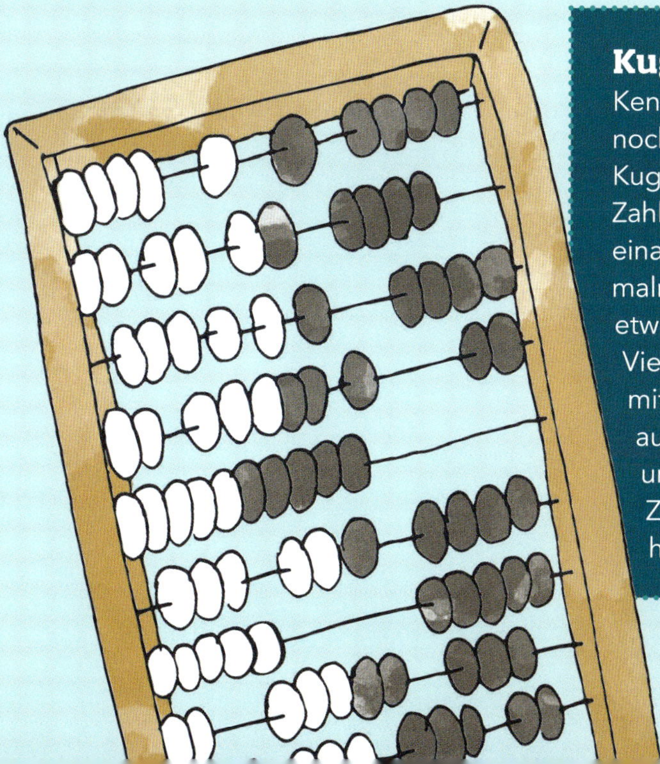

Kugeln verschieben

Kennst du so einen ähnlichen Rechenschieber noch aus der Grundschule? Indem du die Kugeln hin- und herschiebst, kannst du damit Zahlen nicht nur zusammenzählen und voneinander abziehen, sondern auch miteinander malnehmen und durcheinander teilen. Mit etwas Übung gelingt das erstaunlich schnell. Viele Jahrhunderte lang haben die Menschen mit dem Rechenschieber gearbeitet, der auch Abakus genannt wird. Erst als sich unsere heute gebräuchlichen arabischen Zahlen verbreiteten, begannen sie – wie wir heute –, mit Stift und Papier zu rechnen.

Rechnen auf Römisch

Wie du spätestens seit dem Kindergarten weißt, kann man Zahlen an den Fingern abzählen. Indem du immer wieder von vorne beginnst, kannst du so beliebig große Zahlen zeigen. Allerdings musst du dir dabei merken, wie oft du schon bis zehn gezählt hast. Einfacher ist es, mit einer Hand zu zählen und mit der anderen festzuhalten, wie viele Fünfer du schon hast. Die beiden Hände stehen dann für Verschiedenes: Die eine zählt die Einer, die andere die Fünfer. Nach der gleichen Idee arbeiten alle entwickelten Zahlensysteme, auch unser sogenanntes Zehner- oder Dezimalsystem, mit dem du spätestens seit der Grundschule rechnest. Rund um den Erdball verwenden es heute nahezu alle Menschen ganz selbstverständlich. An der letzten, der Einer-Stelle, wird immer wieder bis zehn gezählt, während an der vorletzten, der Zehner-Stelle, notiert wird, wie oft bereits bis zehn gezählt wurde. An der vorvorletzten, der Hunderter-Stelle, wiederum steht, wie oft bereits bis zehn gezählt wurde. Nach diesem Prinzip lassen sich beliebig große Zahlen aufbauen. Ganz schön praktisch also!

VIII plus XVIII gleich XXVI

In Inschriften auf Kirchen oder historischen Gebäuden findest du oft Jahreszahlen in römischer Schreibweise. Die alten Römer verwendeten Buchstaben, um Zahlen darzustellen. So stand I für 1, V für 5, X für 10, L für 50, C für 100, D für 500 und M für 1 000. Die Zeichen I, X, C und M wurden dabei mehrfach nebeneinander geschrieben, um anzudeuten, dass sie zusammenzuzählen sind. III bedeutete demnach etwa 3, XX 20 und CCCC 400. Viele andere Kulturen im Altertum, wie etwa die griechische, schrieben ebenfalls Buchstaben für Zahlen und setzten auf ähnliche Art größere Zahlen zusammen.

Obwohl die römischen Zahlen in Europa bis in die Neuzeit weit verbreitet waren, hat doch kaum jemand mit ihnen gerechnet. Denn im Vergleich zu unserem Dezimalsystem sind die römischen Zahlen nicht gerade ideal, um sie zusammenzuzählen, voneinander abzuziehen, miteinander malzunehmen oder durcheinander zu teilen.

1	I	10	X	100	C	1 000	M
2	II	20	XX	200	CC	2 000	MM
3	III	30	XXX	300	CCC	3 000	MMM
4	IV	40	XL	400	CD		
5	V	50	L	500	D		
6	VI	60	LX	600	DC		
7	VII	70	LXX	700	DCC		
8	VIII	80	LXXX	800	DCCC		
9	IX	90	XC	900	CM		

Jahreszahl mal anders
Die römischen Zahlen findest du heute vor allem bei Jahresangaben. A.D. steht für Anno Domini, im Jahr des Herrn. MCMLXXXII bedeutet in Zahlen 1982.

Schnell und einfach
Oft sind auf dem Abakus nicht zehn Steine pro Stelle aufgereiht, sondern jede Reihe ist unterteilt in zwei Abschnitte. Der erste stellt die Einer dar, während der zweite für Fünfer steht. Sind zum Beispiel links drei Steine verschoben und rechts einer, so ist damit drei plus einmal fünf gleich acht gemeint.

Rechenbretter

Statt mit den Zahlzeichen zu hantieren, schoben die Menschen früher Steine hin und her, wenn sie rechnen wollten. Oder sie reihten Perlen auf Schnüre, die sie nach links oder rechts verschoben. Ob Steine, Kugeln oder Perlen, die Idee dahinter ist immer dieselbe: Die erste Rille oder Schnur steht für die Einerstelle, die zweite für die Zehner, die dritte für die Hunderter und so weiter. Beim Zusammenzählen und Abziehen werden zu einer eingestellten Zahl an Steinen die Steine für eine zweite Zahl Stelle für Stelle dazugeschoben. Bleibt etwas übrig, landet das in der jeweils nächsthöheren Stelle. Wer mit dem Rechenbrett oder Abakus genannten Gerät eine gewisse Zeit arbeitet, entwickelt ein Gespür dafür, jede dazuzuzählende oder abzuziehende Zahl einzustellen und das Ergebnis blitzschnell zu ermitteln. Malnehmen und Teilen ist auf dem Abakus etwas schwieriger, mit ein wenig Übung aber ebenfalls zu meistern.
Die alten Babylonier arbeiteten mit solchen Rechenbrettern bereits vor 5000 Jahren, die Chinesen unabhängig davon vor mehr als 3000 Jahren. In Japan lernen die Kinder in der Grundschule noch heute, mit dem Abakus zu rechnen.

➔ Schon gewusst?

Wer das Rechenbrett – den Abakus – erfunden hat, ist unbekannt. Das Wort kommt vom phönizischen »abak«, was so viel bedeutet wie »auf eine Fläche gestreuter Sand zum Schreiben«. Die Phönizier lebten vor rund 3000 Jahren im Gebiet des heutigen Libanon in Asien.

Mönchszahlen

Um in Bibliotheken Ordnung zu halten, wurden und werden die Bücher dort oft mit Zahlen versehen. Mussten im Mittelalter an einem Ort viele Bände nummeriert werden, konnte es allerdings schwierig werden. Große Zahlen ergeben in der römischen Schreibweise lange Folgen von Buchstaben. Die Zahl 838 etwa benötigt elf Zeichen: DCCCXXXVIII. Puh, das ist schon etwas unübersichtlich! Daher erfanden Mönche eigene Zahlensysteme, die sich von Ort zu Ort unterschieden. Aber immerhin verwendeten die Klosterbrüder für jede Zahl nur ein Zeichen.

Mönchszahlen
Obwohl sich die Mönchszahlen zum Rechnen besser eignen würden als die römischen, verwendete sie dazu niemand. Sie dienten nur zum Kennzeichnen von Büchern – und um aufzuschreiben, wie viel Wein sich in einem Fass befand.

Auf die Stelle kommt es an

Die Buchstaben, die wir heute verwenden, kannten schon die alten Römer vor über 2500 Jahren. Unsere Schreibweise der Zahlen setzte sich hingegen in Europa erst vor wenigen Hundert Jahren zu Beginn der Neuzeit durch. Übernommen haben unsere Vorfahren die Zahlen aus Arabien, wohin sie zuvor aus Indien gelangt waren.
Das Geniale an unseren indisch-arabischen Zahlen: Sie kommen mit nur zehn verschiedenen Zeichen aus. Und dennoch kann man mit ihnen Zahlen in egal welcher Größe schreiben. Denn es handelt sich bei ihnen um ein sogenanntes Stellenwertsystem. Kurz gesagt: Je nachdem, an welcher Stelle eine Ziffer steht, hat sie eine verschiedene Bedeutung. Du kennst das bestimmt schon aus der Grundschule: Es gibt die Einer, die Zehner, die Hunderter, die Tausender – und diese Reihe lässt sich so lange fortsetzen, wie du willst.

Keilzahlen
Sumerer und Babylonier drückten mit einem hölzernen Stab mit keilförmigem Ende ihre Schriftzeichen in feuchten Ton, der anschließend häufig gebrannt wurde. Die einfachsten Zeichen, die man mit diesem Stab machen konnte, ähnelten einem T und einem <.

Erfolgreichste Erfindung aller Zeiten

Der größte Vorteil dieser Art, Zahlen zu schreiben: Mit ihr lassen sich komplizierte Rechnungen auf einfache Schritte zurückführen. Wir halten es für ganz logisch, wie das schriftliche Malnehmen und Teilen geht. Doch das gelingt nur, weil wir die Zahlen in einem Stellenwertsystem schreiben. Mit römischen Zahlen etwa funktioniert das nicht.
Die ersten Menschen, die ein Stellenwertsystem verwendeten, lebten vor rund 5000 Jahren in Mesopotamien, im heutigen Irak und Syrien. Sie kannten nur zwei Schriftzeichen für Zahlen: Ein T stand für 1 und ein < für 10. Die Zahl <<<TTTTT bedeutete so 35. Stand nun ein T links von einem <, so hatte es einen höheren Stellenwert und bedeutete nicht 1, sondern 60. Ein < links davon hatte den Wert 600.

Mitbringsel
Vermutlich brachte Alexander der Große das babylonische Zahlensystem nach Indien. Dort entwickelte sich daraus unser heutiges Zehnersystem.

Warum allerdings die 60 damals so eine wichtige Rolle spielte, weiß heute niemand so genau. Auf alle Fälle liegt hier aber der Ursprung dafür, dass bis heute eine Stunde 60 Minuten und eine Minute 60 Sekunden hat. Ein Problem blieb aber ungelöst: Die damaligen Hochkulturen kannten kein Zeichen für die Null. Daher kam es immer wieder zu Verwechslungen.

Schon gewusst?

Der englische Astronom John Barrow hielt unser Zehnersystem sogar für »die erfolgreichste intellektuelle Neuerung, die je auf unserem Planeten gemacht wurde.« Und in der Tat sind unsere heutigen Zahlen auf der Erde viel mehr verbreitet als jede Art von Buchstaben oder Sprachen.

Die Erfindung der Null

Nicht einmal die alten Griechen – bei denen die Mathematik hoch angesehen war und die bereits viel erforschten – hatten ein Zeichen für die Null. Anscheinend hatten die Philosophen damals Probleme mit dem Nichts. Sie schreckten davor zurück, eine Zahl einzuführen, die dafür stand. Erst ein paar Jahrhunderte später kam in Indien ein neues Zahlensystem auf, das auf dem mesopotamischen aufbaute, aber einfacher war. Zwar hatten die Inderinnen und Inder andere Zeichen als wir heute. Doch sonst war ihr Zahlensystem genau wie bei uns. Nach Europa gebracht haben es schließlich arabische Gelehrte. Auf ihren Handelsfahrten nach Indien lernten sie das Stellenwertsystem kennen, übernahmen es und führten die Zeichen für die Ziffern ein, aus denen unsere heutigen hervorgingen.

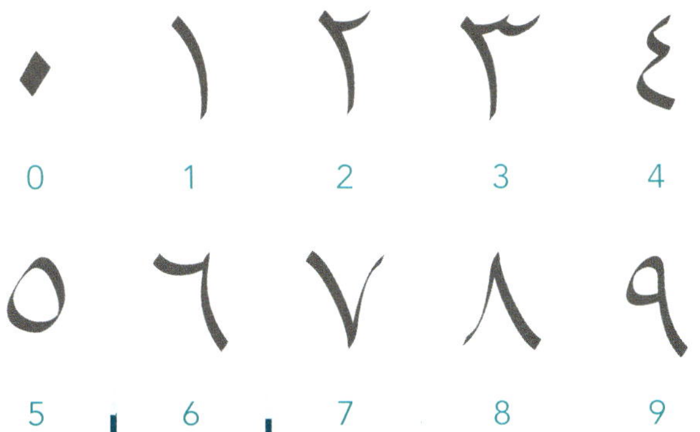

Aus den arabischen Zahlzeichen gingen unsere heutigen Ziffern hervor.

Die Sprache der Computer

Wir rechnen heute im Zehnersystem. Dabei gibt es auch zu jeder anderen Zahl ein entsprechendes Stellenwertsystem. Dass wir gerade die zehn verwenden, liegt daran, dass wir zehn Finger haben.
Für Computer eignet sich zum Beispiel besser ein System mit nur zwei Zeichen: 1 – Strom an – und 0 – Strom aus. Nach dem gleichen Muster wie beim Zehnersystem lassen sich mit nur zwei Ziffern alle Zahlen bilden: 0 bedeutet null und 1 eins. Wollen wir eine Zwei schreiben, reichen unsere Ziffern schon nicht mehr aus und wir müssen eine zweite Stelle einrichten: 10 steht dann für zwei. Und so geht es weiter:

11 – drei
100 – vier
101 – fünf
110 – sechs
111 – sieben
1000 – acht
1001 – neun
1010 – zehn
1011 – elf
1100 – zwölf
1101 – dreizehn
1110 – vierzehn
1111 – fünfzehn
10000 – sechzehn

Die Zahlen sind im Vergleich zum Zehnersystem etwas lang. Aber das stört Computer nicht. Sie rechnen bis heute besser und schneller im Zweiersystem.

Kampf der Systeme

Obwohl arabische Gelehrte schon seit 1 200 Jahren im Zehnersystem rechneten, dauerte es lange, bis es sich in Europa durchsetzte. In Deutschland dauerte es sogar bis zum Beginn der Neuzeit vor 500 Jahren. Für die Mathematik war das Mittelalter in Europa eine finstere Zeit. Außerhalb der Kirche beschäftigte sich niemand mit ihr. Und die Kirche beschäftigte sich mehr mit Aberglaube und religiöser Bedeutung der Zahlen als mit Wissenschaft. So gerieten die mathematischen Erkenntnisse der alten Griechen, die nach christlicher Auffassung als ungläubig galten, in Vergessenheit. In der arabischen Welt hingegen blühte die Mathematik. Die Gelehrten studierten dort nicht nur das griechische Erbe, sondern entwickelten es weiter. Außerdem übernahmen sie das indische Zehnersystem, um Zahlen darzustellen.

Der Sohn des Gutmütigen

Vor ungefähr 800 Jahren lebte der Italiener Leonardo von Pisa mit seinem Vater im heutigen Algerien. Dort war der junge Leonardo, der später als Fibonacci bekannt wurde, tief beeindruckt. Wie schnell die arabischen Geschäftsleute Mengen, Gewichte und Preise berechnen konnten! Diese Rechenkunst musste er lernen. Er schrieb ein Buch darüber, in dem er erklärte, wie man mit den arabischen Ziffern die Grundrechenarten durchführt.
Trotz seines Buches und ihrer Vorteile beim Rechnen setzten sich die arabischen Zahlen gegen die römischen nur sehr langsam durch. Es wurden sogar Gesetze erlassen, die verboten, sie zu verwenden. Aber warum?

Fibonacci brachte die arabischen Zahlen nach Europa.

Leonardo Fibonacci
1170–1240

Lange dauerte es, bis sich das Rechnen auf Papier gegen das Rechenbrett durchsetzte.

Adam Ries
1492–1559

Der Rechenmeister Adam Ries unterrichtete das Volk im Rechnen. Noch heute sagt man bei Rechnungen: »Das macht nach Adam Riese ...«

Der Rechenmeister

Zu Beginn der Neuzeit entwickelte sich die Wirtschaft in Deutschland. Beim Einkauf auf dem Markt oder beim Leihen von Geld – die Menschen mussten immer mehr rechnen. So entstand ein neuer Beruf: der Rechenmeister. Die Rechenmeister führten im Auftrag von Geschäftsleuten und Städten Rechnungen durch und unterrichteten die einfachen Menschen ohne Bildung. Alle sollten rechnen lernen. In einer Zeit, in der nur eine Universität das schriftliche Teilen unterrichtete, war das geradezu revolutionär! Der berühmteste Rechenmeister war Adam Ries. Er schrieb im 16. Jahrhundert mehrere Bücher auf Deutsch und nicht, wie damals in der Wissenschaft üblich, auf Latein. Seine Werke wurden oft verkauft und sorgten dafür, dass sich in Deutschland die arabischen Zahlen durchsetzten. Bis heute gehen wir beim schriftlichen Malnehmen genauso vor, wie es uns einst der Rechenmeister vorführte.

Schummeln verboten

Das lag nicht nur daran, dass die Menschen an alten Gewohnheiten festhielten. Die Kaufleute wollten so auch Betrug verhindern. So schrieben sie etwa statt der römischen Zahl II meist IJ, damit niemand einen weiteren Strich dazuziehen konnte. Bei den arabischen Zahlen befürchteten sie, dass jederzeit jemand eine Null anhängen und so die Zahl stark vergrößern könne. Manche Vertreter der Kirche lehnten die arabischen Zahlen auch ab, weil sie muslimischen Ursprungs waren.
Die Anhänger der römischen Zahlen rechneten mit dem Abakus, die der arabischen ähnlich wie wir heute mit Stift und Papier. Beides hatte seine Vorteile. Mit dem Abakus konnten auch Menschen umgehen, die – wie damals die meisten – nicht lesen und schreiben konnten. Andererseits blieben beim Rechnen auf dem Papier die Zwischenergebnisse erhalten. Die Kaufleute konnten so besser ihre Bücher führen. Deshalb und weil Papier nach der Erfindung des Buchdrucks billiger wurde, setzte sich die schriftliche Rechnerei schließlich durch.

Schneckenwanderung

»Eine Schnecke ist in einem 32 Ellen tiefen Brunnen. Tagsüber steigt sie 4 Ellen empor, nachts sinkt sie wieder 2 Ellen. Wann erscheint sie am Brunnenrand?« Diese – hier etwas vereinfachte – Aufgabe findet sich in einem Buch von Adam Ries. Eine Elle ist übrigens eine veraltete Maßeinheit, die je nach Region anders gemessen wurde. Die Lösung ist: am Ende des 15. Tages.

Denn hat die Schnecke eines Morgens nur noch 4 Ellen vor sich, schafft sie diese Entfernung bis zum Abend. Sie erreicht demnach am Ende des Tages den Rand, an dem sie morgens 32 – 4 = 28 Ellen hoch war. Da sie in 24 Stunden 4 Ellen hochkriecht und 2 wieder herunterrutscht, schafft sie 2 Ellen in 24 Stunden, also 28 Ellen in 14 mal 24 Stunden. Plus den letzten Tag ergibt 15 Tage.

Zaubern mit Mathe

Stell dir vor, du gehst Ende des 18. Jahrhunderts in eine Grundschule. In deiner Klasse sitzen rund hundert Schüler verschiedener Altersstufen. Entsprechend groß ist das Durcheinander und der Lärm. Dein Lehrer vorn am Pult braucht dringend eine Auszeit und gibt allen die Aufgabe, die Zahlen von 1 bis 100 zusammenzuzählen. Damit erhofft er sich eine kleine Ruhepause. Doch schon nach wenigen Minuten meldet sich Carl Friedrich und nennt die richtige Lösung: 5050. Aber wie konnte er so schnell hundert Zahlen addieren?
Die Lösung: Der Neunjährige wandte einen Trick an. Er fasste jeweils zwei Zahlen zusammen, die er zusammenzählte: die erste und die letzte (1 + 100), die zweite und die vorletzte (2 + 99), die dritte und die drittletzte (3 + 98). Für jedes dieser Paare ergab sich als Summe 101. Und da es 50 solcher Paare gibt, musste das Ergebnis 101 mal 50 gleich 5050 sein. Und das hatte sich der Junge selbst ausgedacht!
Carl Friedrich Gauß wuchs zu einem berühmten Wissenschaftler heran. Schon zu seinen Lebzeiten nannte man ihn den Princeps Mathematicorum, den Fürsten der Mathematiker.

Immer kommt 3 heraus

Doch auch ohne so genial wie Gauß zu sein, kannst du deine Freunde mit mathematischen Zaubertricks überraschen. Einer davon geht so: Du forderst einen Freund oder eine Freundin auf, sich eine Zahl zwischen 1 und 9 auszudenken. Dann bittest du die Person, die Zahl mit 2 malzunehmen. Jetzt schaust du ihr tief in die Augen und behauptest, du seiest der Zahl schon auf der Spur, aber du hättest sie noch nicht ganz. Dein Freund oder deine Freundin solle das Ergebnis bitte noch mal 5 nehmen. Du blickst deinem Gegenüber wiederum tief in die Augen und forderst ihn oder so dazu auf, das neue Ergebnis durch die ausgedachte Zahl vom Anfang zu teilen. Jetzt bist du gleich dran. Als letzten Schritt soll er oder sie nur noch 7 abziehen. Triumphierend verkündest du dann: »Das Ergebnis ist 3!«
Garantiert sind nun alle begeistert, wie du das erraten hast. In Wirklichkeit hast du nur ein bisschen Mathematik angewendet.

Der Kleinplanet Ceres

1801 entdeckte ein Astronom erstmals den Kleinplaneten Ceres. Doch verlor er kurz darauf seine Spur wieder. Erst einige Jahre später berechnete Gauß die Bahn von Ceres so genau, dass die Astronomen den Kleinplaneten mit ihren Teleskopen wiederfinden konnten. Gauß verschaffte das mit seinen gerade mal 24 Jahren weltweite Anerkennung.

Carl Friedrich Gauß
1777–1855

Die magische 1 089

Bitte jemanden aus deinem Freundeskreis oder deiner Familie, sich eine dreistellige Zahl mit drei verschiedenen Ziffern auszudenken, zum Beispiel 946. Dann soll die Person die Zahl herumdrehen, aus der 946 würde etwa 649, und die kleinere der beiden Zahlen von der Größeren abziehen: 946 – 649 = 297. Das Ergebnis wird wieder herumgedreht und mit zu sich selbst addiert: 297 + 792 = 1 089. Ist das ausgerechnet, ohne dass du die Rechnungen gesehen hast, verkündest du weise: »Das Ergebnis ist 1 089.« Denn egal mit welcher dreistelligen Zahl man startet, am Ende kommt immer die magische 1 089 heraus. Es klingt unglaublich, stimmt aber! Ein anderes Beispiel zum Beweis: 814. Zu rechnen ist 814 – 418 = 396 und 396 + 693 = 1 089. Probiere es selbst mit anderen Zahlen aus!

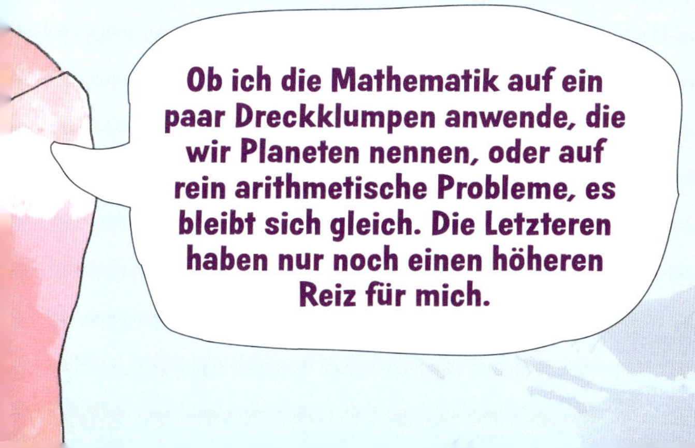

Die ausgedachte Zahl hat dein Gegenüber zuerst mal 2 und dann mal 5, insgesamt also mal 10 genommen. Nennen wir die gedachte Zahl x, so ist das Zwischenergebnis 10 mal x. Anschließend wurde es durch die ausgedachte Zahl – durch x – geteilt. Egal welche Zahl deine Freundin oder dein Freund sich ausgedacht hat: Dabei kommt immer 10 heraus. Davon 7 abgezogen, ergibt 3.

Würfelergebnisse erraten

Solche mathematischen Zaubertricks gibt es viele in unterschiedlichen Schwierigkeitsgraden. Ein anderes Beispiel: Bitte jemanden zu würfeln. Du drehst dich natürlich um, damit du den Würfel nicht sehen kannst. Dann soll die Person die Augenzahl mal 2 nehmen, anschließend 5 addieren und schließlich das Ergebnis mit 5 malnehmen. Nun bittest du sie, ein weiteres Mal zu würfeln, das Würfelergebnis zur erhaltenen Zahl dazuzuzählen und dir das Endergebnis zu nennen. Nach einem langen Augenkontakt nennst du die beiden Würfelergebnisse. Dazu musst du nur vom Endergebnis 25 abziehen. Dann gibt die Zehnerstelle deines Ergebnisses den ersten Würfel wieder und die Einerstelle den zweiten. Warum das funktioniert? Das erste Würfelergebnis wird mit 2 malgenommen. Anschließend wird 5 dazugezählt und das Ergebnis wiederum mit 5 malgenommen. Das kommt auf dasselbe heraus, wie wenn du die Würfelaugen mit 10 (gleich 2 mal 5) malnimmst und dann 25 (gleich 5 mal 5) dazuzählst. Zählst du dann das zweite Würfelergebnis dazu und ziehst 25 ab, erhältst du eine Zahl, deren Einerstelle den zweiten Würfelwurf wiedergibt. Und die Zehnerstelle ist die Augenzahl des ersten Wurfs.
Der alte Gauß wäre sicher stolz auf dich und deine Tricks gewesen!

Hast du alles im Kopf?

Weltmeisterschaften gibt es in vielen Sportarten – aber auch im Kopfrechnen. Die Teilnehmenden lösen dabei umfangreiche Aufgaben in Windeseile. Sie müssen zum Beispiel zehn verschiedene Zahlen mit jeweils zehn Stellen zusammenzählen oder zwei achtstellige Zahlen miteinander malnehmen. Und alles ohne Stift und Papier und natürlich ohne Taschenrechner! Allein, wie viele Ziffern sich die Rechenkünstlerinnen und -künstler dabei merken müssen, beeindruckt das staunende Publikum zutiefst.

Die Sache mit dem Teilen

Die Tricks der Profis sind zum Teil streng geheim. Und sie gelingen nur mit viel Übung. Mit ein paar Kniffen kannst aber auch du Eindruck machen. Für die Teilbarkeit von Zahlen gibt es etwa einfache Regeln. Nehmen wir zum Beispiel 100002. Ist die Zahl durch 2 teilbar? Ja, denn ist die letzte Ziffer einer Zahl durch 2 teilbar, so ist es die ganze Zahl. Ist sie durch 4 teilbar? Nein, denn sie wäre nur dann durch 4 teilbar, wenn es auch die Zahl ist, die aus den letzten beiden Ziffern gebildet wird. Im Fall von 100002 ist das 02, also 2 – und 2 ist nicht durch 4 teilbar.

Ist 100002 durch 3 teilbar? Ja! Denn eine Zahl ist immer dann durch 3 teilbar, wenn ihre Quersumme das ist. Unter Quersumme verstehen wir dabei die Zahl, die sich ergibt, wenn du alle Ziffern der Zahl zusammenzählst, in diesem Fall also 1 + 0 + 0 + 0 + 0 + 2 = 3. Durch 9 teilbar ist unsere Zahl nicht, denn dann müsste auch ihre Quersumme durch 9 teilbar sein.

Aber wie ist es mit 5? 100002 kann nicht durch 5 teilbar sein, weil alle Vielfachen von 5 an der Einerstelle entweder eine 5 oder eine 0 stehen haben.

Gedächtnisübungen

Eine Schwierigkeit beim Kopfrechnen besteht darin, sich die Zahlen merken zu können. Die meisten Menschen können in ihrem Kurzzeitgedächtnis nur sieben Ziffern speichern. Besonders Begabte schaffen vielleicht acht oder neun. Das ist aber immer noch viel zu wenig, um schwierigere Kopfrechenaufgaben zu schaffen. Viele Profis merken sich daher die Zahlen als Geschichten. Dazu ordnen sie jeder Ziffer ein Symbol zu. So könnte etwa 0 für ein Ei stehen, 1 für eine Kerze, 2 für einen Schwan, 3 für eine Gabel, 4 für ein Kleeblatt und so weiter. Willst du dir eine lange Folge von Ziffern merken, machst du eine kleine Geschichte daraus. 1023 wird so zu: »Ich esse bei Kerzenschein das Ei eines Schwans mit einer Gabel.«

Der zwölfjährige Inder Aaryan Shukla gewann 2022 die Weltmeisterschaften im Kopfrechnen, die in Paderborn stattfanden.

Einfache Rechentricks

Um große Zahlen miteinander malzunehmen, gibt es einfache Tricks, die allerdings leider nur für bestimmte Zahlen funktionieren. Zum Beispiel dann, wenn viele Einser vorkommen. So kannst du etwa mehrstellige Zahlen leicht im Kopf miteinander malnehmen. 111 · 111 zum Beispiel ist 12 321. Bestehen beide Zahlen nur aus gleich vielen Einsern, ist das Ergebnis einmal hochzählen bis zur Anzahl der Stellen der Ausgangszahlen und dann zurückzählen bis 1. Das funktioniert für bis zu neunstellige Zahlen: 111 111 111 · 111 111 111 = 12 345 678 987 654 321.

Eine beliebige zweistellige Zahl mit 11 malzunehmen, ist ebenfalls ganz leicht. Probiere es einfach mal selbst auf einem Zettel! Du ziehst die beiden Stellen der Zahl auseinander und schreibst die Summe ihrer beiden Stellen dazwischen. Beispiel: 53 · 11. Du rechnest 5 + 3 = 8 und schreibst 8 zwischen 5 und 3. Schon hast du das Ergebnis: 583. Ist die Summe der beiden Stellen deiner Zahl größer als 9, machst du einen Übertrag in die nächsthöhere Stelle wie beim schriftlichen Zusammenzählen. Beispiel: 69 · 11. Du rechnest 6 + 9 = 15. Jetzt müsstest du eigentlich 15 zwischen 6 und 9 einfügen. Stattdessen fügst du nur die 5 ein. Die 1 davor sorgt dafür, dass aus der 6 an der Hunderterstelle eine 7 wird: 759. Beeindruckend!

Die Sache mit der 5

Zweistellige Zahlen mit sich selbst malzunehmen, in der Fachsprache zu quadrieren, ist einfach, wenn sie auf 5 enden. Dann musst du nur ihre Zehnerstelle mit der um 1 vergrößerten Zehnerstelle malnehmen und 25 hinten dranhängen. Ein Beispiel: Bei 75 · 75 rechnest du 7 · 8 = 56 und schreibst 25 dahinter. Heraus kommt 5 625. Willst du 55 · 55 bestimmen, nimmst du 5 mit 6 mal. Das ergibt 30, daran 25 gehängt: 3 025. Gar nicht so kompliziert wie gedacht, oder? So, jetzt noch ein bisschen üben und dann kannst du dich auch schon fast zur Weltmeisterschaft im Kopfrechnen anmelden. 2022 gewann die übrigens ein Zwölfjähriger.

Für Schlauberger

- Der Trick, wie man mit 11 malnimmt, gelingt auch bei mehr als zweistelligen Zahlen. Bei 536 zum Beispiel schreibst du die erste und die letzte Ziffer mit Abstand nebeneinander: 5   6. Zwischen die Ziffern kommen die Ergebnisse, wenn du die daneben stehenden Zahlen zusammenzählst. 5 + 3 = 8 und 3 + 6 = 9. Das Ergebnis lautet also: 5 896.
- Auch hier kann ein Übertrag entstehen. Beispiel 872 · 11. Du rechnest 8 + 7 = 15 und 7 + 2 = 9 und zählst Einser jeweils zur nächsthöheren Stelle dazu: 9 592.

Geheime Botschaften

Du willst deiner Freundin schreiben, ohne dass jemand mitlesen kann? Dann kannst du eine Geheimsprache benutzen! Schon Cäsar schickte im alten Rom seinen Feldherren Nachrichten, die seine Feinde nicht entziffern konnten. Angeblich ersetzte der römische Herrscher jeden Buchstaben eines Textes durch den Buchstaben, der im Alphabet drei Stellen danach kommt. Statt A schrieb er D, statt B ein E und für F ein I. Kannst du den Text entschlüsseln: JXW JHPDFKW?*

Von Cäsar zur CIA

Das Problem bei dieser Verschlüsselung: Bei längeren Botschaften lässt sie sich knacken. Denn die Buchstaben kommen unterschiedlich häufig vor. In einem normalen deutschen Text etwa ist im Schnitt jeder fünfte Buchstabe ein E. Der zweithäufigste Buchstabe ist N. Mithilfe eines Computers kann eine längere Nachricht sofort entschlüsselt werden. Der Buchstabe, der am häufigsten auftaucht, ist ein E, der zweithäufigste N und so weiter.

Verändert man Cäsars Verschlüsselung ein wenig, ist der Code, so der internationale Fachbegriff, nicht mehr zu entziffern. Dazu dürfen wir nicht immer nur um dieselbe Anzahl Buchstaben weiterrücken. Verschieben wir zum Beispiel den ersten Buchstaben einer Botschaft um drei Buchstaben, den zweiten um sechs und den dritten um acht, so wird »GUT« zu »JAB«. Da ein Buchstabe, der mehrfach im Text auftaucht, immer wieder mit einem anderen verschlüsselt wird, helfen einem unerwünschten Lauscher die Häufigkeiten der Buchstaben nicht weiter. Er kann die Nachricht so nicht entziffern. Der Nachteil der Verschlüsselung: Sender und Empfänger benötigen die gleiche Liste von Zahlen, die angeben, um wie viele Buchstaben jeweils verschoben wird. Und diese Liste muss, will man kein Risiko eingehen, genauso lang sein wie der zu verschlüsselnde Text.
Nach dem Zweiten Weltkrieg benutzten die Geheimdienste der verfeindeten USA und Sowjetunion ähnliche Verfahren. Angeblich setzten die Sowjets dieselben Zahlenlisten mehrfach ein. Die Amerikaner konnten dadurch einige Nachrichten entschlüsseln und Spione enttarnen.

Julius Cäsar
Der römische Herrscher verschlüsselte schon vor mehr als 2000 Jahren seine Nachrichten. Seine Feinde konnten die Texte daher nicht verstehen. Auch deswegen war Cäsar in seinen Kriegszügen sehr erfolgreich.

Geheimsprache

A	B	C	D	E	F	G	H	I	J	K	L	M	N	O	P	Q	R	S	T	U	V	W	X	Y	Z
D	E	F	G	H	I	J	K	L	M	N	O	P	Q	R	S	T	U	V	W	X	Y	Z	A	B	C

Alan Turing
1912–1954

Der Brite Alan Turing leistete bahnbrechende Arbeit zur Entschlüsselung der Enigma. Außerdem forschte der geniale Mathematiker als einer der Ersten über Computer. Die waren damals noch ganz neu!

Enigma

Das deutsche Geheimnis

Die Deutschen benutzten im Zweiten Weltkrieg eine Maschine namens Enigma (griechisch für »Geheimnis«), um Nachrichten zu verschlüsseln. Sie sah aus wie eine alte Schreibmaschine. In ihrem Inneren drehten sich mehrere Walzen, die eingegebene Buchstaben verschlüsselten. Die Militärs veränderten die Lage der Walzen zueinander und tauschten sie. So ließ sich die Maschine auf Milliarden verschiedene Arten einstellen. Also eigentlich nicht zu knacken ... oder? Eine britische Arbeitsgruppe baute den Apparat nach und versuchte, die jeweilige Stellung der Walzen herauszufinden, indem sie bestimmte Wörter in den Nachrichten erriet. So fand sie heraus, dass in Texten, die um sechs Uhr abends gesendet wurden, immer an derselben Stelle das Wort »Wetter« auftauchte. Dann fütterte sie ihren Nachbau mit dem Wort »Wetter« so lange, bis die Maschine den richtigen Code ausspuckte. So konnte sie unbemerkt die Funksprüche der deutschen Armee mitlesen – im Krieg ein wichtiger Vorteil.

Moderne Verschlüsselung

Inzwischen benutzen nicht nur Militär und Geheimdienste Codes. Wer seine E-Mails vor Unbefugten schützt oder Bankgeschäfte online erledigt, greift auf Programme zurück, die Botschaften mithilfe großer Zahlen verschlüsseln. Um die so verschlüsselten Daten lesbar zu machen, muss man eine große Zahl in ihre Teiler zerlegen können. Und das ist, wenn die Zahl groß genug ist, nahezu unmöglich. Computer können zwar selbst Zahlen mit mehreren Hundert Stellen in Sekundenschnelle miteinander malnehmen. Andersherum das Ergebnis in seine Teiler zu zerlegen, überfordert auch die leistungsfähigsten Rechner – zumindest wenn die Zahl so gewählt ist, dass auch ihre Teiler mehr als hundertstellige Zahlen sind. Mit einem Risiko müssen die Benutzer und Benutzerinnen allerdings leben. Sollte es schlauen Köpfen eines Tages gelingen, große Zahlen mit viel weniger Rechenaufwand als heute in ihre Teiler zu zerlegen, ließen sich die so verschlüsselten Daten von Unbefugten entziffern. Da an dieser Aufgabe allerdings schon seit Jahrzehnten vergeblich geforscht wird, rechnet damit niemand so wirklich.

*Lösung: GUT GEMACHT!

Automatisches Rechnen

Computer schaffen heute Rechnungen in Bruchteilen von Sekunden, für die ein Mensch mehrere Tage bräuchte. Aber seit wann gibt es eigentlich schon Maschinen, die rechnen können? Das älteste Gerät, das Fachleute einen Computer nennen, ist mehr als 2000 Jahre alt. Taucher entdeckten es in einem Wrack vor der griechischen Insel Antikythera. Der Apparat besteht aus einem Gehäuse mit vielen Zahlrädern und Zeigern. Verwendet wurde er vor allem, um den Stand von Sonne, Mond und Sternen für einen beliebigen Zeitpunkt berechnen zu können.

Die Rechenuhr

Die nächsten Rechenapparate kamen erst viele Jahrhunderte später auf. Im 17. Jahrhundert baute der deutsche Gelehrte Wilhelm Schickard aus Holz und Metall ein Gerät, das heute als die erste Rechenmaschine gilt. In seinem Inneren arbeiteten Zahnräder ähnlich wie in einer mechanischen Uhr. Schickards Rechenuhr beherrschte die vier Grundrechenarten – plus, minus, mal und geteilt durch – für bis zu sechsstellige Zahlen. Er stellte zwei Geräte her. Eines ging im Dreißigjährigen Krieg verloren, das andere fiel einem Brand zum Opfer. Überliefert sind also leider nur Anleitungen zum Bau mit genauen Zeichnungen. In verschiedenen Museen sind aber Nachbauten zu bewundern. Mehr als hundert Jahre später wollte ein französischer Inhaber einer Versicherung die aufwendigen Berechnungen erleichtern, die bei der Bearbeitung von Fällen auftraten. Charles Xavier Thomas entwickelte um 1820 das sogenannte Arithmometer. Es ist die erste Rechenmaschine, die in großer Stückzahl hergestellt wurde. In der Werkstatt des Franzosen entstanden rund 1500 Arithmometer. Da so viele von ihnen gebaut wurden, waren die Geräte nicht mehr so teuer und ihr Einsatz lohnte sich für viele Firmen.

Der Philosoph und die Maschine

Gottfried Wilhelm Leibniz fand, dass es dem Menschen unwürdig ist, durch Berechnungen Stunden zu verlieren. Deswegen befasste sich der berühmte deutsche Philosoph mit Rechenmaschinen. Er entdeckte, dass sie viel besser im Zweiersystem rechnen als im gebräuchlichen Zehnersystem. Doch die Bauteile für die von Leibniz erdachten Maschinen müssen sehr genau gearbeitet sein. Ob das damals schon möglich war? Das bezweifeln viele Fachleute und glauben, dass es zu seinen Zeiten kein fehlerfrei arbeitendes Gerät gegeben hat.

Erste Rechenmaschine
Vor 400 Jahren entwickelte Wilhelm Schickard einen Rechenapparat, von dem hier ein Nachbau zu sehen ist. Die Originalgeräte gingen leider im Lauf der Zeit verloren.

Schon gewusst?

Die Sowjetunion verfolgte Mitte des 20. Jahrhunderts einen eigenen Ansatz, umfangreiche Rechnungen von Maschinen erledigen zu lassen. Der sogenannte Wasserintegrator bestand aus einem ausgeklügelten Netz von Rohrleitungen und Behältern. Der Wasserstand in den Behältern spiegelte verschiedene Zahlenwerte wider. Mithilfe von Wasserintegratoren wurden unter anderem Straßen, Kanäle und Raketen gebaut.

Von der Uhr zum Handy

Doch wer hat nun den Computer erfunden? Das ist gar nicht so einfach zu beantworten. Doch als Erfinder des modernen Computers gilt zumindest Konrad Zuse. Der deutsche Bauingenieur baute im Zweiten Weltkrieg eine von Programmen gesteuerte Rechenmaschine, die im Zweiersystem arbeitete. Als Grund dafür nannte er, dass ihn die langen Berechnungen für seine Arbeit nervten. Seine ersten Modelle waren noch rein mechanisch. Sie bestanden aus vielen Tausend Blechen, Stiften, Federn und Schrauben, die sich beim Rechnen immer wieder verhakten. Deshalb verwendete Zuse später sogenannte Relais. Das sind elektrische Schalter, die bei Stromfluss zwischen zwei Stellungen hin- und herschalten können. Nach dem Ende des Krieges beschleunigte sich die Entwicklung. Doch trotzdem hatten bis vor 40 Jahren ausschließlich große Firmen Computer. Dann endlich kamen die ersten Geräte für private Nutzer auf den Markt. Die Rechenautomaten wurden immer leistungsfähiger und billiger. Und – in Verbindung mit dem Internet – fanden sich immer mehr Anwendungen für sie: Spiele, Bankgeschäfte, Navigation, Online-Shopping, soziale Netzwerke. Aus unserem heutigen Leben ist der Computer nicht mehr wegzudenken! Wahrscheinlich liegt sogar gerade einer neben dir: Denn in jedem Handy steckt einer.

Konrad Zuse
1910–1995

Nicht mehr rein mechanisch: Konrad Zuses dritter Computer, die Z3. Elektrische Schalter wechselten bei Stromfluss zwischen zwei Stellungen hin und her. Der Nachbau steht im Deutschen Museum in München.

Immer gewinnt die Eins

Im täglichen Leben bist du ständig von Zahlen umgeben: Uhrzeit, Datum, Adressen oder Sportergebnisse. Überraschenderweise treten in ihnen die Ziffern nicht mit gleicher Häufigkeit auf – zumindest nicht die an der höchsten Stelle. Bei den meisten Zahlenlisten fangen mehr als sechsmal so viele Zahlen mit 1 an wie mit 9. Das hat der US-amerikanische Physiker Frank Benford vor knapp 100 Jahren festgestellt.

Benfords Gesetz

Benford stürzte sich auf alle Zahlen, die er bekommen konnte, und arbeitete über 20 000 Datensätze durch: Hausnummern von Wissenschaftlern, Ergebnisse der Baseball-Liga, Todesraten, Primzahlen, Stromrechnungen, Bevölkerungszahlen von Städten, physikalische und chemische Formeln. Und das ohne Computer! Fast überall zeigte sich dasselbe Bild. An der ersten Stelle kam am häufigsten die 1, gefolgt von der 2, die wiederum vor der 3 und so weiter bis zur 9. Genauer: Zu 30 Prozent beginnen die Zahlen mit einer 1, zu knapp 18 Prozent mit einer 2, zu 12 Prozent mit einer 3 und schließlich nur noch zu 4,5 Prozent mit einer 9.

Natürlich gehorchen nicht alle Zahlensätze Benfords Regel. Die Tageshöchsttemperaturen im Sommer etwa beginnen fast alle mit 2 oder 3, da meist zwischen 20 und 39 Grad Celsius erreicht werden. Und beim Lotto bringt das Gesetz auch nichts. Die Nummern 10 bis 19 fallen nicht öfter als die anderen.

Doch woran liegt diese seltsame Verteilung der Anfangsziffern? Betrachten wir das Beispiel Hausnummern. Jede Straße beginnt mit der Nummer 1, aber nicht alle erreichen die 9. Alle Straßen mit zweistelligen Hausnummern haben – sofern es keine Baulücken gibt – Adressen in den Zehnern, aber nur manche davon in den Neunzigern. Und Nummern über 500 sind sehr selten, während Hausnummern von 100 bis 199 öfter auftreten. Deshalb kommt die 1 als führende Ziffer am häufigsten vor.

Schon gewusst?

Du kannst Benfords Gesetz ganz leicht prüfen. Gib bei Google eine fünfstellige Zahl ein, die mit 1 beginnt, zum Beispiel 14 378. Dann erhältst du ein Vielfaches an Treffern verglichen damit, wenn du zum Beispiel 41 378 eintippst.

Frank Benford
1883–1948

Gefälschte Wahlen

Mithilfe von Benfords Gesetz untersuchten Forscherinnen und Forscher, ob Wahlen gefälscht wurden. Die Stimmenzahlen der Präsidentschaftswahlen in Venezuela, Mexiko und dem Iran wichen deutlich von dem ab, was Benford zufolge zu erwarten gewesen wäre. Das ist zwar noch kein Beweis. Aber es deutet darauf hin, dass nicht alles mit rechten Dingen zuging. Die betreffenden Wahlen sollten noch mal genauer untersucht werden – was im Iran allerdings nie passiert ist.

Wer bei der Steuer betrügt, sollte Benford ebenfalls fürchten. Auch die führenden Ziffern der Zahlen einer fehlerfreien Steuererklärung sind nach seinem Gesetz verteilt. Das wurde in den USA an 200 000 Steuererklärungen überprüft. Gehorchen die Angaben eines Steuerpflichtigen oder einer Firma der Regel nicht, hat sie vermutlich jemand gefälscht. Eine genaue Überprüfung der Erklärung sollte dann für mehr Klarheit sorgen.

Für eines taugt Benfords Gesetz hingegen leider nicht: für dein Zeugnis. Dabei wären 30 Prozent Einser eigentlich ganz nett, oder?

Wetten, dass …

Wenn du vor deinen Eltern ein bisschen angeben willst, frag sie, ob sie mit dir wetten. Dabei muss es ja nicht unbedingt um Geld gehen, sondern zum Beispiel darum, wer den nächsten Film aussucht. Ihr braucht dazu nur eine Zeitung. Du bietest folgende Wette an: »Wir schlagen die Zeitung auf und notieren die erste Zahl, die uns ins Auge fällt. Beginnt sie mit 1, 2, 3 oder 4, gewinne ich. Beginnt sie mit einer anderen Ziffer, gewinnt ihr.« Da es fünf andere Ziffern (5, 6, 7, 8, 9) gibt, denken die meisten Menschen, dass sie in fünf von neun Fällen, also in etwas mehr als der Hälfte der Fälle gewinnen. Nach Benfords Gesetz beträgt aber die Wahrscheinlichkeit, dass die Zahl mit 1, 2, 3 oder 4 beginnt, knapp 70 Prozent. In mehr als zwei Drittel aller Fälle gewinnst demnach du die Wette.

Eine nach der anderen

Wenn sich eine Zahl an die andere reiht und das immer so weitergeht, sprechen wir von einer Zahlenfolge. Beispiele dafür sind die natürlichen Zahlen: 1, 2, 3, 4 … Oder die Folge der geraden Zahlen: 2, 4, 6, 8 und so weiter. Oder die der Primzahlen: 2, 3, 5, 7, 11, 13 …

Zahlen ohne Ende

Zahlenfolgen sind endlos. Du kannst sie beliebig lang fortsetzen. Dafür musst du allerdings wissen, wie sie gebildet werden – also die Regel kennen, nach der die jeweils nächste Zahl bestimmt wird. Bei der Folge der natürlichen Zahlen zählst du immer 1 dazu, bei der der geraden Zahlen zählst du immer 2 dazu und bei den Primzahlen überlegst du, welche der nächsthöheren Zahlen nur durch 1 und sich selbst teilbar ist.
Es gibt erstaunlich viele Zahlenfolgen, die Mathematikerinnen und Mathematiker faszinieren. In einer Datenbank im Internet sind mehrere Hunderttausend solcher Folgen gespeichert. Du kannst sie kostenlos abrufen – oder die Zahlen deines Geburtsdatums oder deine Telefonnummer eingeben und sehen, in welchen Folgen sie auftauchen. Zudem kannst du dir auf der Seite Zahlenfolgen als Grafiken anschauen oder in Töne übersetzt als Musikstücke anhören.

Ohne Teiler

Von Primzahlen hast du bestimmt schon mal gehört. Das sind alle Zahlen, die nur durch 1 und sich selbst ohne Rest teilbar sind. Und sie bilden eine unendlich lange Folge. Doch woher weiß man das?

In Reih und Glied

Wie viele Möglichkeiten gibt es, Kinder in einer Reihe anzuordnen? Das hängt natürlich davon ab, wie viele es sind. Bei zwei Kindern hast du nur zwei Möglichkeiten, bei drei sind es sechs. Doch schon bei 20 Kindern explodiert die Anzahl der Möglichkeiten förmlich!

Muster aus Kugeln
Manche Zahlenfolgen kommen zustande, indem du Muster legst. Legst du aus Steinen oder Kugeln Dreiecke mit gleich langen Seiten zusammen, erhältst du die Dreieckszahlen: 1, 3, 6, 10, 15 ... Das geht so ähnlich auch mit Quadraten!

$$a^2+b^2=c^2$$

π

%

Quadrate im Dreieck?
Hat ein Dreieck in einer Ecke einen rechten Winkel, so gilt für die Längen seiner Seiten a, b und c:
$a^2 + b^2 = c^2$.
Diese Gleichung hat in den natürlichen Zahlen unendlich viele Lösungen. Diese ergeben die nach einem griechischen Philosophen benannte Pythagoras-Folge.

$a^2+b^2=c^2$

Große Familie
Kaninchen vermehren sich ganz schön schnell! Der Italiener Fibonacci hat sich das genauer angeschaut und eine Zahlenfolge daraus gebildet.

Muster legen

Manche Folgen lassen sich bildlich mithilfe von Steinen, Münzen, Kugeln oder Punkten darstellen. Kannst du mit einer Anzahl von Kugeln ein gleichseitiges Dreieck – ein Dreieck mit drei gleich langen Seiten – legen, so spricht man von einer Dreieckszahl. Der Vollständigkeit halber lassen wir eine Kugel als Dreieck durchgehen. Die erste Dreieckszahl ist daher 1. Aus drei Kugeln entsteht ein Dreieck, wenn du zwei Steine nebeneinanderlegst und den dritten in der Mitte darüber. Die zweite Dreieckszahl lautet somit 3. Setzt du dieses Dreieck auf eine Reihe von drei Kugeln, ergibt sich wieder ein gleichseitiges Dreieck. Das nächste Glied der Folge ist also 3 + 3 = 6. Nach diesem Muster geht es weiter. Dieses Dreieck setzt du jetzt auf eine Reihe von vier Kugeln und hast damit die nächste Zahl: 6 + 4 = 10. Weiter geht es mit 15, 21, 28, 36 …

Steine im Dreieck

Das erste Dreieck besteht aus einer Reihe, das zweite aus zwei, das dritte aus drei und so weiter. Um das kurz und knapp schreiben zu können, führen wir den Buchstaben n ein, der für eine beliebige natürliche Zahl steht. Statt nun alles aufzählen zu müssen, sagen wir, das n-te Dreieck besteht aus n Reihen. Die unterste Reihe hat n Kugeln, die darüber n – 1, die darüber n – 2, bis schließlich ein Punkt die Spitze bildet. Das gesamte n-te Dreieck hat somit n + (n – 1) + (n – 1) + … + 1 Punkte. Es werden also die Zahlen von 1 bis n zusammengezählt.
Moment, das hatten wir doch schon mal: So hat doch der kleine Carl Friedrich Gauß seinen Mathe-Lehrer verblüfft! Statt mühsam alles zusammenzuzählen, fasste er jeweils die erste und die letzte, die zweite und die vorletzte Zahl und so weiter zusammen. Die erste und die letzte Zahl ergeben zusammen n + 1, ebenso die Zahlen jedes anderen Paares. Und da wir jeweils zwei der n Zahlen zusammenfassen, haben wir noch n geteilt durch zwei Zahlenpaare. Demnach ist die n-te Dreieckszahl (n + 1) · n : 2.

Dreieckszahl oder nicht?
Kannst du aus einer bestimmten Zahl an Kugeln ein Dreieck mit gleich langen Seiten legen, ist die Zahl eine Dreieckszahl.

Paare bilden

Die Dreieckszahlen tauchen noch in anderen Zusammenhängen auf. Zum Beispiel wenn du wissen willst, wie viele Händedrücke es gibt, wenn in einer Gruppe von Menschen jeder jeden begrüßt. Sind zwei Personen beteiligt, ist es ein Händedruck. Kommt eine dritte hinzu, begrüßt sie zusätzlich jede der beiden anderen. Macht zusammen 1 + 2 = 3 Händedrücke. Nun tritt eine vierte Person dazu. Sie gibt jeder der drei anderen die Hand. Diese drei Begrüßungen kommen zu den drei Händedrücken der ersten drei Personen: 3 + 3 = 6. Kommt eine fünfte, schüttelt sie allen vier schon Anwesenden die Hand. Ergibt zusammen 6 + 4 = 10 Händedrücke. Fällt dir was auf? Richtig: die Dreieckszahlen. Die n-te Dreieckszahl gibt an, wie viele Händedrücke es bei n + 1 Personen sind. Händedrücke sind dabei nur ein Beispiel dafür, alle möglichen Paare aus einer Gruppe zu bilden. Ob sich dann Personen begrüßen, Tennisspielerinnen ein Turnier jede gegen jede austragen oder Punkte auf einem Kreis verbunden werden, ist ganz egal.

Quadratzahlen

Ähnlich wie Dreiecke kannst du auch Quadrate legen, also Rechtecke, deren Seiten alle gleich lang sind. Die Anzahl der Steine, die ein Quadrat bilden, werden Quadratzahlen genannt. Ein Quadrat der Seitenlänge zwei besteht aus 2 · 2 = 4 Steinen, eines der Seitenlänge drei aus 3 · 3 = 9 Steinen und eines, dessen Seiten vier Steine lang sind, aus 4 · 4 = 16. Die Folge der Quadratzahlen lautet somit: 1, 4, 9, 16, 25 …
Während du für die Dreieckszahlen die ersten Zahlen zusammenzählst, rechnest du für die Quadratzahlen die ersten ungeraden Zahlen zusammen: 4 = 1 + 3; 9 = 1 + 3 + 5; 16 = 1 + 3 + 5 + 7 und so weiter.

Würfelzahlen

Setzt du die Kugeln – oder besser kleine Würfel – zu großen Würfeln zusammen, erhältst du die Würfelzahlen. Hat der Würfel die Seitenlänge zwei, brauchst du 2 · 2 · 2 = 8 Würfelchen, um ihn zu bauen. Seitenlänge drei heißt 3 · 3 · 3 = 27 Bausteine.
Vier bedeutet 4 · 4 · 4 = 64 und so weiter. Die Folge der Würfelzahlen beginnt demnach so:
1, 8, 27, 64, 125, 216 …
Willst du aus den Bausteinen zweier kleinerer Würfel einen größeren zusammenbauen, gelingt dir das nicht. Immer fehlen ein paar Bausteine oder es bleiben ein paar übrig. Es kann nie aufgehen, auch wenn es manchmal knapp ist. Beim Würfel mit der Seitenlänge neun zum Beispiel fehlt nur ein Baustein. Denn
6 · 6 · 6 + 8 · 8 · 8 =
216 + 512 =
728 =
729 – 1 =
9 · 9 · 9 – 1.

So viele Kaninchen!

Eine der berühmtesten Zahlenfolgen ist nach Fibonacci benannt, der um das Jahr 1200 für die Einführung unserer heute üblichen Dezimalzahlen warb. Die Fibonacci-Folge zählt die Paare einer Gruppe von Kaninchen, wenn sie sich ungehindert vermehren können. Der Italiener hat die Folge übrigens nicht als Erster untersucht. Schon mehr als tausend Jahre vor ihm befassten sich Gelehrte in Indien und Griechenland mit ihr.

Die Fibonacci-Folge

Willst du die Fibonacci-Folge berechnen, gehst du davon aus, dass jedes Kaninchenpaar nach zwei Jahren geschlechtsreif ist und dann jedes folgende Jahr ein neues Paar zur Welt bringt. Zudem sind unsere Kaninchen unsterblich – was in der Natur so ja nicht vorkommt. Diese Annahmen führen zu einer einfachen Regel, wie du die Glieder der Fibonacci-Folge berechnest. Am Anfang gibt es ein Kaninchenpaar. Auch im zweiten Jahr haben wir nur eines, da die Kaninchen ja erst geschlechtsreif werden müssen. Im dritten Jahr kommt zu unserem Gründerpaar ein Nachwuchspaar hinzu. Insgesamt haben wir damit zwei Paare. In den folgenden Jahren zählen wir zur Anzahl der Paare im Vorjahr die neugeborenen Kaninchenpaare hinzu. Diese Anzahl der neuen Paare

Eine wachsende Familie

Nur Kaninchen mit farbigem Bauch sind hier geschlechtsreif und können auch Nachwuchs bekommen. Zählst du die Anzahl der Paare zweier benachbarter Zeilen zusammen, erhältst du die Anzahl der darunterliegenden Reihe.

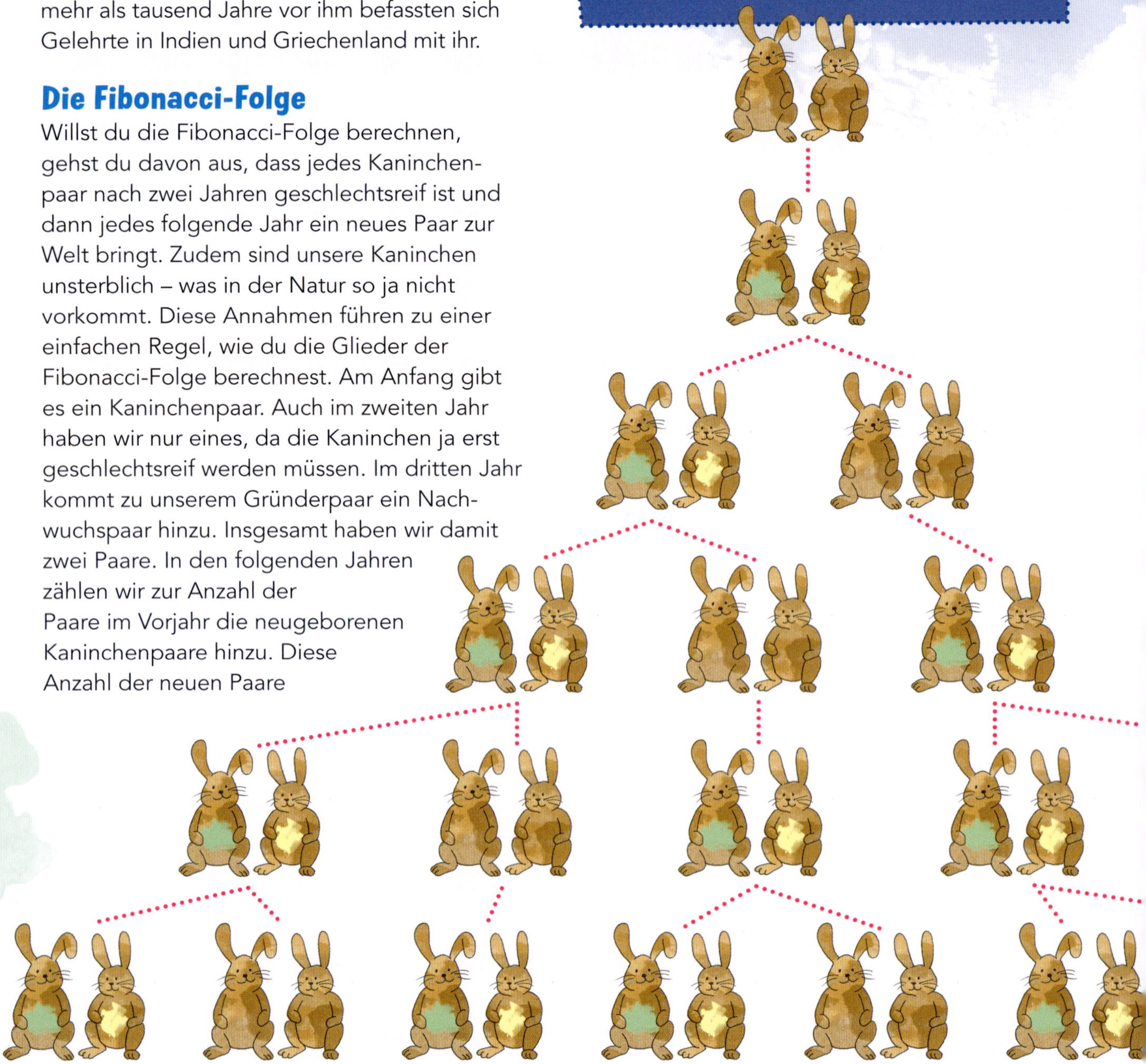

entspricht den Paaren im vorletzten Jahr, da die jetzt alle geschlechtsreif sind und jeweils ein Paar Nachwuchs haben.
Wir beginnen also in den ersten beiden Jahren mit 1 und zählen dann immer die letzten beiden Zahlen der Folge zusammen:
1, 1, 2 (= 1 + 1), 3 (= 2 + 1), 5 (= 3 + 2), 8 (= 5 + 3), 13 (= 8 + 5), 21 (= 13 + 8), 34 (= 21 + 13) … Die Folge beginnt mit kleinen Zahlen. Aber je mehr Jahre vergehen, umso mehr nimmt die Kaninchenplage ihren Lauf. An der 20. Stelle etwa steht 6765, an der 100. schon mit 12 586 269 025 mehr als zwölf Milliarden.

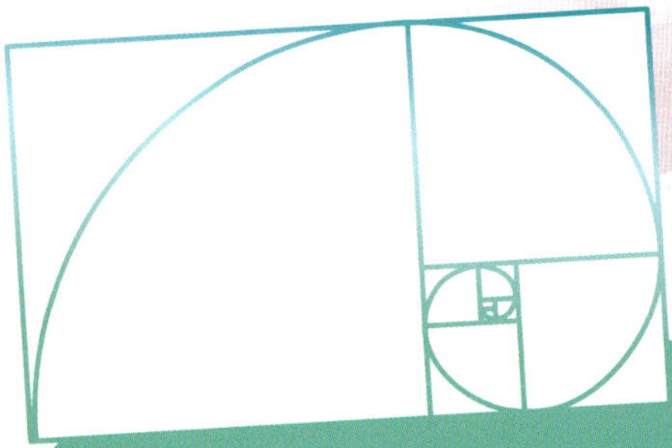

Die Fibonacci-Schnecke

Aus Viertelkreisen mit den Radien der Fibonacci-Folge (1, 1, 2, 3, 5, 8, 13 …) kannst du eine Schnecke zusammensetzen, die auch Goldene Spirale genannt wird.
Du findest dieses Gebilde nicht nur bei vielen Pflanzen, sondern sogar im Weltraum. In vielen Galaxien – Ansammlungen von Sternen – findet sich diese Form.

Bienen, Blüten und Fettsäuren

Vermutlich studierte Fibonacci seine Folge gar nicht wegen Kaninchen, sondern wegen Bienen. Die Folgenglieder geben nämlich die Anzahl der Vorfahren eines Männchens der Honigbiene wieder. Männliche Bienen heißen Drohnen. Sie entwickeln sich aus einem unbefruchteten Ei, haben daher zwar eine Mutter, die Bienenkönigin, aber keinen Vater.
Die erste 1 steht für eine Drohne, die zweite 1 kommt daher, dass sie nur eine Mutter, aber keinen Vater hat, als einen Vorfahren der ersten Generation. Da die weiblichen Bienen aus befruchteten Eiern hervorgehen, haben sie zwei Elternteile. Drohnen verfügen, da sie eine Mutter haben, über eine Großmutter und einen Großvater, also zwei Vorfahren der zweiten Generation. Das macht die 2 an der dritten Stelle der Folge. Die Großmutter wiederum hat zwei Elternteile, während der Großvater nur eine Mutter hat. Unsere Drohne erfreut sich daher zweier Urgroßmütter und eines Urgroßvaters, was der 3 an der vierten Stelle der Folge entspricht. Die beiden Urgroßmütter haben je zwei Elternteile, der Urgroßvater nur einen. Ergibt zusammen fünf Ururelternteile. Und so weiter.
Nicht nur bei Tieren, auch bei Pflanzen spielt die Fibonacci-Folge eine wichtige Rolle. Sonnenblumen, Schuppen von Fichtenzapfen und Ananasfrüchten bilden etwa Spiralen, deren Anzahl aufeinanderfolgende Fibonacci-Zahlen sind. Und in den Blüten von Sonnenblumen und Silberdisteln finden sich Anordnungen von jeweils 34, 55, 89 oder 144 gleichartigen Blütenteilen.
Auch Chemikerinnen und Chemiker sind vor kurzem auf die Fibonacci-Zahlen gestoßen. Die Verbindungen zwischen den Atomen von Fettsäuren folgen ihrem Muster. Seit Jahrtausenden bekannte Mathematik fand so ganz neue Anwendungen!

Bei vielen Pflanzen finden sich Spiralen, die mit den Fibonacci-Zahlen zusammenhängen.

Nicht zu teilen

Noch wichtiger als die Fibonacci-Folge ist die Folge der Primzahlen. Also der Zahlen, die nur durch 1 und sich selbst ohne Rest teilbar sind. Sie beginnt so: 2, 3, 5, 7, 11, 13, 17, 19, 23 … Die 1 gilt nicht als Primzahl. Alle anderen ganzen Zahlen, die in der Liste fehlen, kannst du als Produkt zweier Zahlen schreiben, zum Beispiel ist 4 gleich 2 mal 2. Oder 15 gleich 3 mal 5.
Die Primzahlen sind so etwas wie die Grundbausteine der ganzen Zahlen. Jede Zahl lässt sich als eine Malrechnung mit lauter Primzahlen schreiben. So ist 18 zum Beispiel 2 mal 3 mal 3 oder 50 gleich 2 mal 5 mal 5.

Primzahlrekorde

Seit vielen Jahrhunderten jagen wir Menschen von Rekord zu Rekord. Ende des 16. Jahrhunderts war 131 071 die größte bekannte Primzahl. Heute liegt der Rekord bei einer Zahl mit mehr als 20 Millionen Stellen. Das ist unvorstellbar groß!
Kein Mensch braucht eine Zahl mit Millionen von Stellen. Aber warum berechnen Mathematikerinnen und Informatiker dann überhaupt solche Zahlenmonster? Wie im Sport reizen Rekorde dazu, sie zu brechen. Eine US-amerikanische Stiftung verspricht sogar einen Preis in Höhe von 150 000 Dollar für die Person, die als erste eine Primzahl mit mehr als hundert Millionen Stellen findet.

Unendlich viele

Der griechische Mathematiker Euklid bewies vor mehr als 2000 Jahren, dass es unendlich viele Primzahlen gibt. Er führte dazu einen sogenannten Widerspruchsbeweis durch. Noch heute gilt er als einer der schönsten mathematischen Beweise.

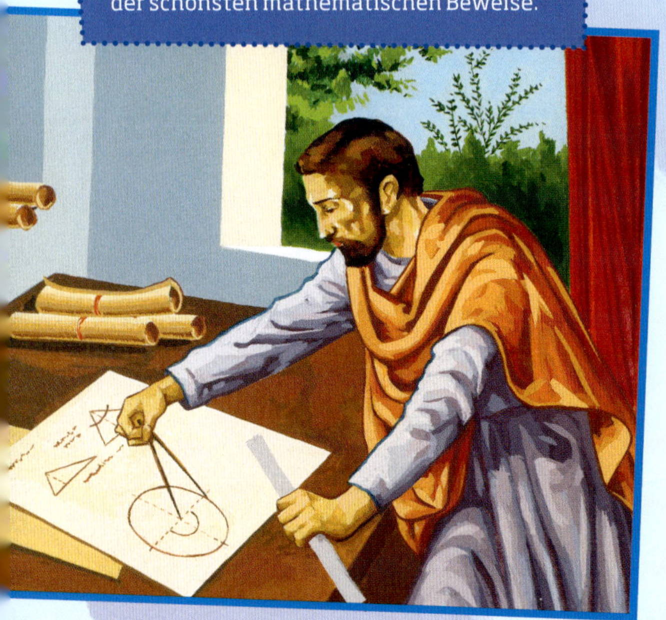

Ist Mathe zum Heulen?

In der Mathematik gilt Euklids Beweis zur Unendlichkeit der Primzahlen bis heute als ein Beispiel für die Schönheit mathematischen Denkens. Für den US-amerikanischen Mathematiker Willam Dunham teilt er die Menschheit in zwei Lager: »Diejenigen mit einem natürlichen Hang zu Mathematik rührt er zu Tränen, diejenigen ohne einen solchen Hang finden ihn zum Heulen.« Zu welcher Gruppe zählst du?

Schon gewusst?

Zwischen einer beliebigen Zahl und ihrem Doppelten findet sich immer eine Primzahl. Zwischen 2 und 4 etwa die 3, zwischen 5 und 10 die 7 und zwischen 100 und 200 die 101.

Sieb des Eratosthenes

Wie lassen sich auf einfachem Weg alle Primzahlen finden? Willst du die Primzahlen zwischen 1 und 100 bestimmen, schreibst du in die erste Zeile die Zahlen von 1 bis 10, in die nächste die von 11 bis 20, darunter die von 21 bis 30 und so weiter. Dann streichst du die Vielfachen von 2 durch, also die Zahlen von jeder zweiten Spalte. Dann kommen die Vielfachen von 3 an die Reihe, die ebenfalls ein Muster ergeben. Die Vielfachen von 4 kannst du dir sparen. Die hast du ja schon vorhin bei der 2 erledigt. Weiter geht es also mit den Vielfachen von 5 und damit der mittleren Spalte. Jetzt streichst du noch einzeln die Vielfachen von 7.
Die Zahlen, die übrig bleiben, sind die Primzahlen. Denn sie sind nicht durch 2, 3, 5 und 7 teilbar und damit auch nicht durch 4, 6, 8, 9 und 10, weil diese Zahlen sich als Malrechnung von Primzahlen ergeben. Und höhere Teiler musst du nicht prüfen. Ist eine Zahl durch 13 teilbar – wie zum Beispiel 91 – so muss sie auch durch eine Zahl kleiner als 10 teilbar sein. 91 geteilt durch 13 ist gleich 7, somit ist auch 7 ein Teiler von 91.

Na, willst du es versuchen? Jahrhundertelang suchten Forschende aus purem Ehrgeiz nach immer größeren Primzahlen. Seit einigen Jahren hat diese Suche nun einen praktischen Sinn bekommen. Um Nachrichten im Internet zum Beispiel bei Bankgeschäften zu verschlüsseln, setzen Fachleute Primzahlen ein. Denn viele der besten Verfahren gelten als sicher, weil es auch für Supercomputer nahezu unmöglich ist, eine sehr große Zahl in ihre Teiler zu zerlegen. Findet die Jagd nach immer größeren Primzahlen irgendwann ein Ende? Oder lassen sich wirklich unendlich viele von ihnen finden?

Der Beweis des Euklid

Diese Frage klärte ein griechischer Mathematiker schon vor mehr als 2000 Jahren. Euklid führte dazu einen sogenannten Widerspruchsbeweis: Er nahm das Gegenteil von dem an, was er zeigen wollte. Dann folgerte er so lange, bis er auf einen Widerspruch stieß. Somit kann die Annahme nicht stimmen und ihr Gegenteil muss richtig sein.
Euklid nahm an, es gebe nur endlich viele Primzahlen – das heißt, irgendwann wäre Schluss. Die nahm er sodann alle miteinander mal und zählte 1 dazu. Das Ergebnis dieser Rechnung konnte sich nicht durch eine der Primzahlen teilen lassen. Denn die Vielfachen aller dieser Primzahlen unterschieden sich um mindestens 1 vom Rechenergebnis. Somit hatte er eine Zahl gefunden, die sich nicht durch eine Primzahl teilen ließ. Jede Zahl, die keine Primzahl als Teiler hat, lässt sich auch nicht durch irgendeine andere Zahl teilen. Also musste die berechnete Zahl – alle Primzahlen miteinander malgenommen plus 1 – selbst eine Primzahl sein. Widerspruch gefunden! Schließlich nahm Euklid ja an, alle Primzahlen zu verrechnen. Seine Schlussfolgerung: Es muss unendlich viele Primzahlen geben.

Kurz und knapp

- Primzahlen sind die Grundbausteine der Zahlen.
- Dennoch ist es bisher nicht gelungen, alle ihre Eigenschaften zu erforschen.
- Für die Person, die bestimmte Vermutungen über sie als erste beweist, sind hohe Preisgelder in Aussicht gestellt.

Wer findet die Zwillinge?

Einfach klingende Fragen stellen sich in der Mathematik oft als ganz schön schwierig heraus. Die besten Beispiele stammen aus der Forschung über Primzahlen. So vermutete etwa der deutsche Gelehrte Christian Goldbach, dass jede gerade Zahl größer als 3 die Summe zweier Primzahlen sei. Zur Erinnerung: Summe heißt das Ergebnis, wenn du Zahlen zusammenzählst. Zum Beispiel ist 8 die Summe von 5 und 3. In Zeichen: 8 = 5 + 3. Oder 22 die von 11 und 11 oder 100 die von 53 und 47. Probiere es selbst aus. Denke dir eine gerade Zahl aus und suche nach zwei Primzahlen, die zusammengezählt die Zahl ergeben. Egal welche Zahl du wählst, du kannst immer welche finden.

Primzahldrillinge

Für Primzahldrillinge – drei Primzahlen mit Abstand 2 – ist die Sache klar: Es kann nur einen geben, nämlich 3, 5 und 7. Bei höheren Zahlen findet sich unter drei benachbarten ungeraden Zahlen immer eine, die sich durch 3 teilen lässt. Zwei Beispiele: Bei 9, 11 und 13 ist 9 gleich 3 mal 3, also durch 3 teilbar. Ersetzt du 9 durch 15, erhältst du 11, 13 und 15. Da 15 gleich 5 mal 3, ist die Zahl durch 3 teilbar.

Beweise gesucht

Seit knapp 300 Jahren beißen sich die schlauesten Köpfe die Zähne daran aus, Goldbachs Behauptung für alle geraden Zahlen zu beweisen – bislang ohne wirklichen Erfolg. Immerhin gelang es, Aussagen zu belegen, die in diese Richtung gehen, wie etwa: »Jede genügend große Zahl lässt sich als die Summe von sechs Primzahlen schreiben.«

Was Primzahlen sind, ist schnell erklärt. Dennoch werfen sie Fragen auf, die Generationen von Mathematikerinnen und Mathematiker trotz langer Forschung nicht klären konnten. »Primzahlen wachsen wie Unkraut unter den natürlichen Zahlen«, meint etwa Don Zagier vom Max-Planck-Institut für Mathematik in Bonn. Sie scheinen zufällig verteilt zu sein. Doch zugleich zeigen sie sich sehr regelmäßig und gehorchen manchen Gesetzen genauestens.

Computer haben für alle geraden Zahlen bis eine Trillion (eine 1 gefolgt von 18 Nullen) eine Zerlegung in zwei Primzahlen gefunden. Doch in der Mathematik reichen solche Rechnereien nicht. Die Vermutung gilt erst dann als richtig, wenn jemand sie für alle Zahlen bewiesen hat. Für die meisten Zahlen gibt es nicht nur eine Art, sie als Summe zweier Primzahlen darzustellen. 100 zum Beispiel ist gleich 53 plus 47 oder 59 plus 41 oder 97 plus 3. Für größere Zahlen kannst du dir im Internet sogar Zerlegungen ausrechnen lassen.

101 = ??

Aus Goldbachs Vermutung lässt sich folgern, dass jede Zahl größer als 5 die Summe von drei Primzahlen ist:
6 = 2 + 2 + 2; 7 = 3 + 2 + 2; 8 = 3 + 3 + 2 …
Findest du drei Primzahlen, die zusammengezählt 101 ergeben?

*Lösung: z.B. 23 + 37 + 41 oder 71 + 13 + 17

Benachbarte Primzahlen

Außer der Zahl 2 sind alle Primzahlen ungerade Zahlen. Der kleinste mögliche Abstand zwischen zwei Primzahlen ist daher 2. Primzahlen, die so nahe beieinanderliegen, heißen Zwillinge. Beispiele sind 3 und 5, 11 und 13 oder 71 und 73. Je größer die Zahlen sind, desto weniger Primzahlzwillinge sind unter ihnen zu finden. Zwischen 670 und 800 gibt es etwa keinen einzigen Zwilling.
Nun zu einer anderen Frage: Gibt es auch unendlich viele Primzahlzwillinge? Euklid bewies vor über 2000 Jahren, dass die Folge der Primzahlen unendlich ist, und bis heute sind viele andere Beweise dafür gefunden worden. Aber keiner davon ließ sich auf den Fall von Primzahlzwillingen übertragen. Zwar geht die Fachwelt davon aus, dass die Folge der Zwillinge kein Ende hat. Doch beweisen konnte es noch niemand.
Primzahlzwillinge sind deutlich seltener als Primzahlen. Unter den ersten hundert Zahlen sind nur acht Pärchen gegenüber 25 Primzahlen. Bis tausend sind es 35 Zwillinge bei 168 Primzahlen. Dennoch finden sich auch unter sehr großen Zahlen immer wieder welche. Die größten Primzahlzwillinge, die Computer berechneten, haben mehrere Zehntausend Stellen.

Christian Goldbach war Jurist und Mediziner. Mit Mathematik beschäftigte er sich nur, wenn er sich entspannen wollte. Im Briefwechsel mit dem Mathematiker Leonhard Euler stellte er gern Vermutungen auf. Ein Hobby, das er mit Euler teilte. Aber nicht immer lagen die beiden richtig.

Christian Goldbach
1690–1764

Potenzen

Willst du eine Zahl mit sich selbst malnehmen, kannst du dafür auch die sogenannten Potenzen nutzen. 5 mal 5 zum Beispiel schreibst du dann als 5 hoch 2, in Zeichen $5 \cdot 5 = 5^2$ (= 25).

Nimmst du eine Zahl mehrfach mit sich selbst mal, gibt die Hochzahl an, wie oft du das tust: 5 mal 5 mal 5 ist 5 hoch 3, in Zeichen $5 \cdot 5 \cdot 5 = 5^3$ (= 125).

Die Quadratzahlen kannst du also so schreiben: 1^2, 2^2, 3^2, 4^2 …
Besonders einfach sind Potenzen, wenn die Grundzahl 10 ist. Denn dann gibt die Hochzahl an, wie viele Nullen das Ergebnis hat:

$10^2 = 100$
$10^3 = 1\,000$
$10^4 = 10\,000$

Im Dreieck

Es gibt eine Zahlenfolge, die sich zwar nur etwas sperrig beschreiben lässt, aber eine große Bedeutung in der Geometrie hat, also der Mathematik des Raumes. Die Folge besteht aus allen Zahlen, deren Quadrat sich als Summe von zwei anderen Quadratzahlen schreiben lässt.
Zu ihr gehört zum Beispiel 5. Denn mithilfe der Potenzrechnung, die wir ja schon kennengelernt haben, rechnen wir $5^2 = 25 = 9 + 16 = 3^2 + 4^2$. Oder 10, da $10^2 = 100 = 36 + 64 = 6^2 + 8^2$. Oder 13, da $13^2 = 169 = 25 + 144 = 5^2 + 12^2$. Findest du weitere Zahlen dieser Folge?

Der Bau der Pyramiden

Diese spezielle Zahlenfolge benennen wir nach dem griechischen Gelehrten Pythagoras, der vor etwa 2 500 Jahren lebte. Zur Pythagoras-Folge gehören alle natürlichen Zahlen c, für die es andere Zahlen a und b gibt, sodass folgende Gleichung gilt: $a^2 + b^2 = c^2$. Die Formel lernt jedes Schulkind und ist als Satz des Pythagoras bekannt. Zeichnet man ein Dreieck mit den Seitenlängen a, b und c, so ist es genau dann ein rechtwinkliges Dreieck, wenn die Formel erfüllt ist: Also wenn die Summe der Quadrate auf den beiden kürzeren Seiten dem Quadrat über der längeren Seite entspricht. Probiere es selbst aus: Zeichne Dreiecke, messe ihre Seitenlängen und berechne deren Quadrate. Immer wenn die Summe der Quadrate der beiden kürzeren Seiten das Quadrat der längeren Seite ergibt, ist das Dreieck rechtwinklig. Rechtwinklig heißt dabei, dass zwei Seiten des Dreiecks senkrecht aufeinanderstehen, also einen 90-Grad-Winkel bilden.
Doch das war schon weit vor Pythagoras bekannt. So konstruierten die Ägypter bereits vor 4 000 Jahren rechte Winkel, um Felder vermessen und Pyramiden mit quadratischer Grundfläche bauen zu können.

Der Beweis

Das Bild zeigt einen Beweis des Satzes von Pythagoras. Die beiden Quadrate haben jeweils die Seitenlängen a + b. Sie bestehen jeweils aus vier gleichen Dreiecken. Unten kommen zu den Dreiecken zwei Quadrate mit den Seitenlängen a beziehungsweise b hinzu, oben ein Quadrat der Seitenlänge c. Da die beiden großen Quadrate gleich groß sind, folgt $a^2 + b^2 = c^2$.

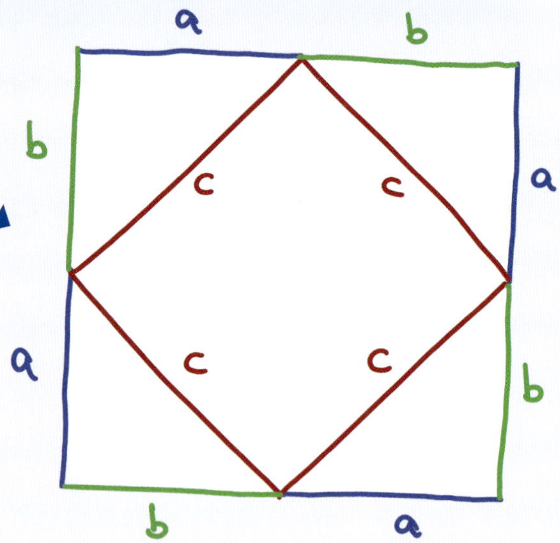

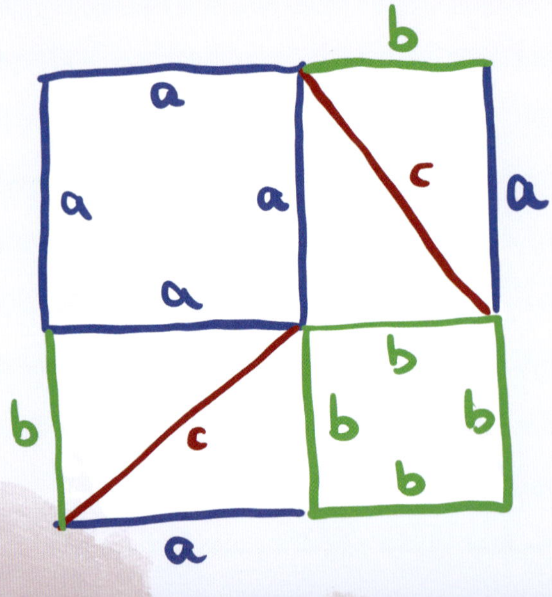

Der Fermat'sche Satz

Aber was passiert, wenn man in der Formel hoch 2 durch hoch 3, hoch 4 oder hoch 5 ersetzt? Diese Frage stellte sich Pierre de Fermat schon vor knapp 400 Jahren. Der Jurist und Hobby-Mathematiker schrieb auf den unbedruckten Rand einer Seite in einem Buch: »Die Gleichung $a^n + b^n = c^n$ hat für n größer als 2 keine ganzzahligen Lösungen.« Und: »Für diese Behauptung habe ich einen ganz wunderbaren Beweis gefunden, aber dieser Rand ist zu schmal, um ihn zu fassen.« Damit war die berühmte Vermutung des Fermat geboren, die die Fachwelt jahrhundertelang beschäftigte. Vor gut hundert Jahren setzte ein wohlhabender Liebhaber der Mathematik sogar einen Preis in Höhe von 100 000 Goldmark aus für denjenigen, der sie zuerst beweisen würde.

Dem Beweis auf der Spur

Viele Menschen, ob Profis oder nicht, versuchten sich an der Aufgabe. Mehrere Hundert von ihnen glaubten, es geschafft zu haben. Doch jedes Mal fanden sich Lücken in den angeblichen Beweisen. Vor etwa 25 Jahren schließlich schaffte es der britische Mathematiker Andrew Wiles, die Vermutung zu beweisen, und gewann den Preis. Er stützte sich dabei auf moderne mathematische Entdeckungen, von denen man im 17. Jahrhundert nicht einmal träumen konnte. Höchstwahrscheinlich war der wunderbare Beweis, den sich Fermat angeblich ausgedacht hatte, daher genauso lückenhaft wie die vieler seiner Nachfolger.

Die Sekte

Pythagoras gründete eine Art Geheimbund in Süditalien. Nach heutigen Vorstellungen handelte es sich wohl um eine Sekte. Ihre Anhänger überschrieben ihr Vermögen und lebten in einer Gemeinschaft von Gleichen. Fortschrittlich für die damalige Zeit war, dass auch Frauen vollwertige Mitglieder waren. Bis zu 600 Anhänger scharte Pythagoras um sich. Sie kleideten sich in Weiß, glaubten an die Wiedergeburt und aßen kein Fleisch.
Die Lehre der Gemeinschaft lautete: »Alles ist Zahl.« Pythagoras glaubte, die Natur sei auf den ganzen Zahlen aufgebaut. So untersuchte er zum Beispiel die Musik. Dazu ließ er die Saite einer Leier schwingen. Dann hielt er sie an bestimmten Punkten fest und schlug sie an. Dabei stellte er fest, dass der entstehende Ton zum Grundton der ungehemmt schwingenden Saite genau dann harmonisch klang, wenn er die Saite in der Mitte festhielt oder so, dass die beiden Teilstücke in einem einfachen Zahlenverhältnis – wie etwa 2 zu 3 oder 3 zu 4 – standen.

Geradezu besessen von Mathe

Der Beweis der Vermutung von Fermat ist Wiles nicht einfach so zugeflogen. Der Mathematiker verschanzte sich jahrelang auf seinem Dachboden, um in Ruhe zu tüfteln: »Ich war so von diesem Problem besessen, dass ich acht Jahre lang an nichts anderes dachte – vom Aufstehen bis zum Schlafengehen.«

Ordnung muss sein!

Wie viele Möglichkeiten gibt es, Menschen, die in einer Reihe stehen, anzuordnen? Das überlegst du dir am besten, indem du mit einer Person anfängst und dann nacheinander jeweils eine weitere ins Zimmer lässt.
Stellen wir uns vor, ein Mädchen namens Antonia steht in einem Raum. Klar, ist Antonia alleine, gibt es nur eine Ordnung. Jetzt kommt Bianka hinzu. Sie hat zwei Möglichkeiten: Sie kann sich entweder rechts oder links von Antonia stellen, in Zeichen AB und BA. Nun betritt Cem den Raum. Für jede der beiden Anordnungen von Antonia und Bianka hat er drei Möglichkeiten: Er kann sich rechts von beiden platzieren, zwischen sie oder links von ihnen. Für jede der beiden Möglichkeiten für Antonia und Bianka gibt es demnach drei Möglichkeiten für Cem. Macht zusammengenommen $2 \cdot 3 = 6$ Reihenfolgen: ABC, ACB, CAB, BAC, BCA und CBA. Kommt eine vierte Person hinzu, hat sie für jede Anordnung der ersten drei Personen vier Möglichkeiten: ganz rechts, zweite von rechts, zweite von links oder ganz links. Bei vier Personen haben wir demnach schon $4 \cdot 3 \cdot 2 = 24$ Anordnungen. Klingt logisch, oder?

Playlist

Wenn du aus mehreren Liedern eine Playlist zusammenstellst, kannst du die Songs in verschiedenen Reihenfolgen abspielen. Bei manchen Streaming-Diensten wählst du dazu »Shuffle«. Dann wird deine Playlist in einer zufälligen Reihenfolge abgespielt. Je nachdem wie viele Songs du in deiner Liste hast, gibt es dabei sehr viele verschiedene mögliche Reihenfolgen. Genauer gesagt ergeben sich bei n Songs n! Möglichkeiten. Hast du zum Beispiel zehn Lieder aufgelistet, gibt es 10! und damit mehr als drei Millionen Reihenfolgen. Bei 70 Songs übersteigen die möglichen Reihenfolgen übrigens schon die Anzahl der Atome im Universum.

Unfassbar viele Möglichkeiten

Das Prinzip lässt sich beliebig oft fortführen. Die n-te Person – n steht hier wieder für irgendeine Zahl – sorgt jeweils dafür, dass die Anzahl der Möglichkeiten mal n genommen wird. Für sechs Personen etwa gibt es $6 \cdot 5 \cdot 4 \cdot 3 \cdot 2 \cdot 1 = 720$ Anordnungen. Es werden also jeweils alle Zahlen, die kleiner gleich der Anzahl der Personen sind, miteinander malgenommen. In der Mathematik schreibt man dafür ein Ausrufungszeichen und spricht von Fakultäten. Die Fakultät von 6 ist 720, in Zeichen $6! = 6 \cdot 5 \cdot 4 \cdot 3 \cdot 2 \cdot 1 = 720$.

Willst du wissen, in wie vielen Reihenfolgen sich die Kinder aufstellen können, brauchst du Fakultäten. Bei drei Kindern sind es $3 \cdot 2 \cdot 1 = 6$ Möglichkeiten.

Wer sitzt neben wem?
Es gibt unfassbar viele Möglichkeiten, wenn du Dinge anordnen willst. So gibt es etwa mehr als zwei Trillionen Sitzordnungen in einer Klasse mit 20 Schülerinnen und Schülern.

Die Folge der Fakultäten sieht so aus: 1, 2, 6, 24, 120, 720, 5 040, 40 320 …
Wenn du die ersten Zahlen zusammenzählst, ergibt sich die Folge der Dreieckszahlen. Nimmst du sie miteinander mal, hast du die Folge der Fakultäten.
Statt Menschen in einer Reihe anzuordnen, kannst du auch Kinder auf die Plätze im Klassenzimmer verteilen. Bei n Kindern gibt es n! Sitzordnungen. Sind zum Beispiel 20 Kinder in der Klasse, ergeben sich 20! Sitzordnungen. Rechnest du das mit einem Taschenrechner aus, kommst du auf mehr als zwei Trillionen. Das ist eine unfassbar große Zahl mit 18 Stellen. Wollen die Schülerinnen und Schüler alle Sitzordnungen ausprobieren und brauchen sie pro Ordnung nur eine Sekunde, ist die Klasse damit mehr als 77 Milliarden Jahre beschäftigt. Die Anzahl der Möglichkeiten explodiert förmlich, wenn du mehr als eine Handvoll Dinge anordnen willst.

Hilberts Hotel

Gibt es mehr natürliche Zahlen als Fakultäten? Zunächst sollte man das für richtig halten. Schließlich werden in der Folge der Fakultäten viele Zahlen ausgelassen. David Hilbert bewies jedoch vor mehr als hundert Jahren, dass die Aussage falsch ist.
Der deutsche Mathematiker stellte sich dazu ein Hotel mit unendlich vielen Zimmern vor. Sind alle Zimmer belegt und kommt ein neuer Gast, ist das gar kein Problem. Der Gast von Zimmer 1 zieht in Zimmer 2 um, der von 2 in 3, der von 3 in 4 und so weiter. Dann haben alle Gäste ein Zimmer und Zimmer 1 ist frei für den Neuankömmling.
Was ist aber, wenn unendlich viele neue Gäste ankommen? Laut Hilberts Lösung lässt sich auch das lösen: Jeder Gast zieht um in das Zimmer, dessen Nummer das Doppelte seiner alten Zimmernummer ist. Der Gast in Nummer 1 zieht also in 2, der von 2 in 4, der von 3 in 6 und so weiter. Schon sind alle Zimmer mit ungerader Nummer, also unendlich viele frei.
Für die Mathematik bedeutet Hilberts seltsames Hotel: Es gibt genauso viele gerade Zahlen wie natürliche Zahlen.
Ebenso lassen sich die natürlichen Zahlen den Fakultäten zuordnen, sodass jede Zahl einen Partner hat:
1 – 1
2 – 2
3 – 6
4 – 24
5 – 120
... und so weiter.

Daher gibt es genauso viele Fakultäten wie natürliche Zahlen. Das gleiche Verfahren funktioniert bei jeder beliebigen anderen Zahlenfolge. Jeder natürlichen Zahl n wird die Zahl zugeordnet, die an der n-ten Stelle der Folge steht.

Noch mehr Zahlen

Mit ganzen Zahlen lassen sich keine Anteile beschreiben. Deshalb brauchen wir die Brüche. Du kennst das ganz sicher aus dem Alltag. Schüttest du etwa einen viertel Liter Saft in einen halben Liter Wasser, bekommst du eine Schorle. Oder du vermischst einen viertel Liter Wasser mit einem halben Kilo Mehl und etwas Hefe. Dann hast du Pizzateig.

Pizzaschlacht

Stellen wir uns vor, wir hätten eine Pizza und vier hungrige Kinder. Dann teilen wir das leckere Essen in vier gleich große Stücke. Jedes dieser Stücke ist der vierte Teil der ganzen Pizza oder ein Viertel, in Zeichen: $\frac{1}{4}$.

Teilen wir die Pizza in sechs gleich große Stücke, so haben wir Sechstel: $\frac{1}{6}$.

Ist Jan besonders hungrig, bekommt er zwei Stücke, das heißt zwei Sechstel: $\frac{2}{6}$.

Schneiden wir die Pizza in sechs gleich große Stücke, ist jedes Stück natürlich kleiner, als wenn wir sie nur in vier Teile zerlegen.

$\frac{1}{6}$ ist somit kleiner als $\frac{1}{4}$. Je größer die Zahl unter dem Bruchstrich – sie heißt Nenner –, umso kleiner ist der Wert des Bruches. Zumindest ist das so, wenn oben – im Zähler – dieselbe Zahl steht.

Auf Brüche kommt man ebenso durch eine mathematische Überlegung: Zählen wir natürliche Zahlen zusammen, kommen wieder natürliche heraus. Ziehen wir sie voneinander ab, können sich auch negative Zahlen ergeben, aber es kommen immer ganze Zahlen heraus. Beim Malnehmen passiert ebenfalls nichts Neues. Teilen wir aber natürliche Zahlen durcheinander, kommt es vor, dass die Rechnung nicht aufgeht. Dann kommen die Brüche ins Spiel. Wollen wir etwa 3 durch 4 teilen, ist das Ergebnis keine ganze Zahl. Wir schreiben stattdessen einen Bruch. $3 : 4 = \frac{3}{4}$.

Zahlenmonster

Riesig große und winzig kleine Zahlen schreibst du am besten mit Zehnerpotenzen. Dann ist auf den ersten Blick klar, wie groß oder klein die Zahl ist. Die Zehnerpotenzen braucht man zum Beispiel, um das unfassbar große Gewicht der Sonne darzustellen.

$\pi = 3.1415926535897932384626433832795028841971693993751058209749445923078164$

Die Kreiszahl

Willst du den Umfang oder die Fläche eines Kreises berechnen? Dann brauchst du die Kreiszahl Pi. Sie ist eine irrationale Zahl. Ihre Nachkommastellen weisen keinerlei Muster auf. Vermutlich taucht in ihnen jede nur denkbare Zahlenfolge irgendwann einmal auf.

Vor und nach dem Komma

Brüche lassen sich auch als Kommazahlen schreiben. Die erste Ziffer nach dem Komma steht dabei für Zehntel, die zweite für Hundertstel, die dritte für Tausendstel und so weiter. Gegenüber Brüchen haben Kommazahlen den Vorteil, dass du sie auf den ersten Blick miteinander vergleichen und sehen kannst, welche Kommazahl größer ist.

Kurz und knapp

- Brüche sind Anteile. Die Zahl unter dem Bruchstrich gibt an, in wie viele Anteile etwas zerlegt wurde. Die Zahl auf dem Bruchstrich zeigt, wie viele Anteile wir haben.
- Man kann einen Bruch auch als Ergebnis einer Geteilt-durch-Aufgabe ansehen: $3 : 4 = \frac{3}{4}$.
- Die Zahl auf dem Bruchstrich heißt Zähler, die darunter Nenner.
- Zwei Brüche können denselben Wert haben. Schneiden wir eine Pizza in sechs gleich große Teile und nehmen zwei davon, haben wir genauso viel, wie wenn wir sie in drei Teile zerlegen und einen davon bekommen: $\frac{2}{6} = \frac{1}{3}$.
- Brüche können auch größer als 1 sein. $\frac{5}{4}$ zum Beispiel ist größer als 1. Da vier Viertel einer Pizza die ganze Pizza ergeben, sind fünf Viertel eine Pizza und ein Viertel einer zweiten.

Schon gewusst?

Jede natürliche Zahl lässt sich auch als Bruch schreiben. Denn du kannst sie in den Zähler eines Bruches mit dem Nenner Eins schreiben:

$8 = \frac{8}{1}$ (sprich acht Eintel).

Brüche nennen wir rationale Zahlen.

Wie entstehen Kommazahlen?

Brüche schreibt man häufig auch als sogenannte Dezimalbrüche oder Kommazahlen. Die sind dir bestimmt schon begegnet, zum Beispiel beim Messen von Größe oder Gewicht. Ein Fußball etwa hat einen Durchmesser von 0,69 Metern und wiegt 0,43 Kilogramm.

Bei Kommazahlen steht die erste Stelle nach dem Komma für Zehntel, die zweite für Hundertstel, die dritte für Tausendstel und so weiter. Der Fußball ist demnach sechs zehntel plus neun hundertstel Meter groß und vier zehntel plus drei hundertstel Kilogramm schwer.

Für 0,69 sagt man »null Komma sechs neun« und meint damit das Ergebnis, wenn man Null, sechs Zehntel und neun Hundertstel zusammenzählt:

$$0 + \frac{6}{10} + \frac{9}{100} = \frac{0}{100} + \frac{60}{100} + \frac{9}{100} = \frac{69}{100} .$$

Ein anderes Beispiel: 13,489 ist 13 Ganze plus 4 Zehntel plus 8 Hundertstel plus 9 Tausendstel:

$$13{,}489 = 13 + \frac{4}{10} + \frac{8}{100} + \frac{9}{1\,000} .$$

Das kannst du auch als

$13 + \frac{489}{1\,000}$ oder $\frac{13\,489}{1\,000}$ schreiben.

Brüche miteinander vergleichen

Willst du wissen, welcher von zwei Brüchen den größeren Wert hat, ist das oft nicht auf den ersten Blick zu erkennen. Um zu entscheiden, ob $\frac{3}{4}$ größer oder kleiner als $\frac{4}{5}$ ist,

musst du die beiden Brüche auf den gleichen Nenner, den sogenannten Hauptnenner, bringen. Zur Erinnerung: Der Nenner ist die Zahl unter dem Bruchstrich.

Das heißt in unserem Fall:

$$\frac{3}{4} = \frac{3 \cdot 5}{4 \cdot 5} = \frac{15}{20} \quad \text{und} \quad \frac{4}{5} = \frac{4 \cdot 4}{5 \cdot 4} = \frac{16}{20}$$

Dann siehst du, dass $\frac{16}{20}$ größer als $\frac{15}{20}$ ist

und damit $\frac{4}{5}$ größer als $\frac{3}{4}$.

Alles dasselbe

Ob du eins von vier nimmst oder 25 von 100, der Anteil bleibt gleich. Es gilt:

$\frac{1}{4} = \frac{25}{100} = 0{,}25.$

Bei Dezimalbrüchen ist der Vergleich dagegen einfach. Du gehst die Stellen von links nach rechts durch, bis bei einer Zahl die größere Ziffer steht. 2,51 ist so zum Beispiel größer als 2,49. Denn die beiden Zahlen unterscheiden sich als Erstes an der ersten Stelle hinter dem Komma und da hat die erste Zahl mit 5 die größere Ziffer stehen als die zweite.

Teilen mit Komma

Dezimalbrüche kannst du mit schriftlichem Teilen bilden. Wenn die Rechnung nicht aufgeht, rechnest du einfach mit dem Rest weiter. Ein Beispiel: 7 : 4 = 1 Rest 3. Unser Rest ist kleiner als die Zahl, durch die wir teilen. Deswegen schreiben wir ein Komma, machen aus der 3 eine 30 und rechnen 30 geteilt durch 4. Das ergibt 7 Rest 2. Die 7 schreiben wir hinter das Komma: 1,7. An die 2 hängen wir wieder eine 0 an.
20 durch 4 ist 5 Rest 0.
Unser Endergebnis lautet daher
7 : 4 = 1,75.
Dieses Verfahren kannst du bei allen Teilungsaufgaben anwenden. Allerdings nimmt es manchmal kein Ende. Willst du zum Beispiel 14 durch 3 teilen, rechnest du 14 durch 3 ist 4 Rest 2. An den Rest hängst du eine 0 an. 20 durch 3 ist 6 Rest 2. An den Rest hängst du wieder eine 0 und bekommst damit wieder 20 durch 3 gleich 6 Rest 2. Und das kannst du theoretisch so lange machen, bis du in Rente gehst. Ganz schön verflixt! 14 geteilt durch 3 ist daher 4,333… Die Folge der Dreier hört niemals auf. In der Mathematik sprechen wir in diesem Fall von einer Periode: 4 Komma Periode 3. Das bedeutet 4 Komma und dann folgen endlos viele Dreier. Wir schreiben dafür auch $4{,}\overline{3}$.
Manchmal wiederholen sich auch Gruppen von Stellen hinter dem Komma. Zwei Beispiele:
$17 : 11 = 1{,}545454545454\ldots = 1{,}\overline{54}$
$5 : 7 = 0{,}714285714285714285\ldots.$
$= 0{,}\overline{714285}$
Rechne doch selbst nach, wenn du es nicht glaubst!

Die Neuner-Folge

Wenn du eine Pizza in drei gleich große Stücke teilst und sie alle drei nimmst, hast du natürlich die ganze Pizza in Händen. Ein Drittel plus ein Drittel plus ein Drittel ist demnach Eins:

$\frac{1}{3}+\frac{1}{3}+\frac{1}{3} = 1$ und $\frac{1}{3}$ als Kommazahl ist $0{,}\overline{3}$.

Denn 1 : 3 = 0,3333… Zählen wir dreimal $0{,}\overline{3}$ zusammen, ergibt das $0{,}\overline{9}$. Also muss gelten: $0{,}\overline{9} = 1$. Wer hätte das gedacht? Die Zahl $0{,}\overline{9}$ hat unendlich viele Neuner hinter dem Komma. Und wenn in der Mathematik die Unendlichkeit ins Spiel kommt, führt das oft zu Ergebnissen, die unserem Alltagsverstand zu widersprechen scheinen.

Kurz und knapp

- Jeden Bruch kann man auch als Kommazahl schreiben.
- Zu manchen Brüchen gehören Kommazahlen mit unendlich vielen Stellen hinter dem Komma.
- Um mit Brüchen zu rechnen, gibt es Regeln.
- Alle Brüche zusammen bilden die sogenannten rationalen Zahlen. Das Wort »rational« kommt vom lateinischen »ratio« und bedeutet Vernunft.

Zahlenmonster

In Wissenschaft und Technik tauchen häufig Zahlen auf, die riesig groß oder winzig klein sind. Zwei Beispiele: Die Sonne ist ungefähr 150 000 000 (in Worten: 150 Millionen) Kilometer von der Erde entfernt und ein Virus ist höchstens 0,0003 (in Worten: drei Zehntausendstel) Millimeter groß. Damit sie mit den vielen Stellen vor oder nach dem Komma nicht durcheinanderkommen, haben sich Wissenschaftlerinnen und Wissenschaftler auf eine Schreibweise geeinigt, die auf die Potenzrechnung zurückgreift.

Eine ganz besondere Zahl

Einerseits spielt die Null bei sehr großen und kleinen Zahlen eine bedeutende Rolle, andererseits ist sie eine ganz besondere Zahl mit ihren eigenen Rechenregeln. Zählst du Null dazu oder ziehst Null ab, ändert sich an der Ausgangszahl nichts. Nimmst du mit Null mal, kommt Null heraus. Und durch Null zu teilen ist verboten. Dafür gibt es keine sinnvolle Lösung. Die Null als Hochzahl zu verwenden ist dagegen möglich. Wenn du irgendeine Zahl mit Null potenzierst, ist das Ergebnis Eins, zum Beispiel $10^0 = 1$.

Riesengroß ...

Fangen wir mit den großen Zahlen an. Die Idee ist, sie auf Potenzen der Zahl 10 zurückzuführen. Zur Erinnerung: Von Potenzen sprechen wir, wenn eine Zahl immer wieder mit sich selbst malgenommen wird. Ist die Zahl 10, sind die Rechnungen besonders einfach. Denn die Hochzahlen bei 10 geben jeweils an, wie viele Nullen im Ergebnis stehen. Statt dem Ungetüm 10 000 000 000 schreiben wir einfach 10^{10}. Die Entfernung zur Sonne wird damit zu $1{,}5 \cdot 10^8$ km. Man erkennt so auf den ersten Blick: Es handelt sich um eine neunstellige Zahl. Die Anzahl der Stellen der Zahl ist immer eine mehr als die Hochzahl, die bei der zehn steht. Mit dieser wissenschaftlichen Schreibweise lassen sich beliebig große Zahlen einfach begreifen und vergleichen. Die Masse der Erde etwa ist rund $6 \cdot 10^{24}$ Kilogramm. Ganz schön viel, oder? Im Vergleich zur Sonne mit ihren $2 \cdot 10^{30}$ Kilogramm ist sie ein Leichtgewicht. Von der Hochzahl der ersten Zahl, 24, fehlen immerhin 6 auf die Hochzahl der zweiten, 30. Das heißt das 10^6-Fache. Hätte die Sonne eine Masse von $6 \cdot 10^{30}$ wäre sie $10^6 = 1\,000\,000$ Mal so schwer wie die Erde. Da vor der 10^{30} nur eine 2 steht, hat sie nur die rund 300 000-fache Masse der Erde.

Ganz schön groß!

Die Sonne ist unvorstellbar groß. Sie hat einen Durchmesser von rund 1,4 Millionen = $1{,}4 \cdot 10^6$ Kilometern. Das ist etwas mehr als das Hundertfache des Durchmessers der Erde.

Atom	Virus	Bakterium	Insekt	Mensch	Blauwal
$5 \cdot 10^{-11}$ bis $5 \cdot 10^{-10}$ Meter	$2 \cdot 10^{-8}$ bis $3 \cdot 10^{-7}$ Meter	$1 \cdot 10^{-7}$ bis $7 \cdot 10^{-4}$ Meter	$2 \cdot 10^{-4}$ bis $5 \cdot 10^{-1}$ Meter	1,5 bis 2 Meter	$3 \cdot 10^1$ Meter

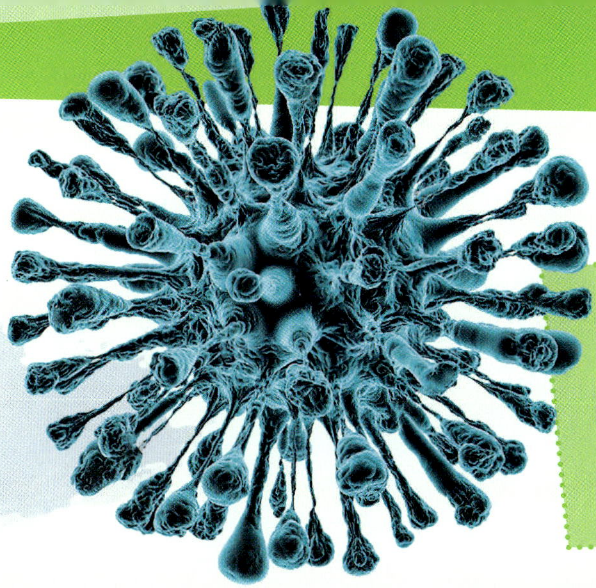

Ganz schön klein!
Mit bloßem Auge kann man Viren nicht sehen. Sie sind nur wenige Zehntausendstel Millimeter groß. Trotzdem können sie uns gefährlich werden.

... und winzig klein

Bei den kleinen Zahlen ist die Sache etwas schwieriger. Wir brauchen Potenzen mit negativen Hochzahlen, also ganzen Zahlen, die kleiner als Null sind: zum Beispiel –2 oder –5. Vorstellen kannst du dir negative Zahlen als Schulden oder als das Ergebnis einer Minus-Rechnung, bei der eine größere von einer kleineren Zahl abgezogen wird. Zum Beispiel ergibt 2 minus 5 die Zahl minus 3, in Zeichen $2 - 5 = -3$.

Aber was soll eine negative Zahl als Hochzahl bedeuten? In der Mathematik gilt:

$$10^{-1} = \frac{1}{10} = 0{,}1$$

$$10^{-2} = \frac{1}{100} = 0{,}01$$

$$10^{-3} = \frac{1}{1\,000} = 0{,}001$$

… und so weiter. Negative Hochzahlen sorgen dafür, dass die Zahl, die potenziert wird, in den Nenner wandert. Zur Erinnerung: Der Nenner ist die Zahl unter dem Bruchstrich.

Bei den Zehnerpotenzen geben die Hochzahlen jeweils an, wie viele Nullen in der Zahl stehen. Statt 0,00000001 schreiben wir einfacher 10^{-8}.

Kurz und knapp

- In der Wissenschaft schreibt man sehr große und sehr kleine Zahlen mithilfe von Zehnerpotenzen. Dabei wird jeweils eine Zahl mit nur einer Stelle vor dem Komma mit einer Potenz von zehn malgenommen.
- Bei großen Zahlen sind die Hochzahlen positiv. Sie geben an, wie viele Stellen die Zahl hat.
- Bei negativen Zahlen sind die Hochzahlen negativ. Sie geben an, wie viele Nullen in der Zahl vorkommen.

Die Größe eines Virus wird so zu $3 \cdot 10^{-4}$ mm. Verglichen mit einem Silberatom mit einem Durchmesser von ungefähr $3 \cdot 10^{-7}$ mm ist unser Virus immerhin $10^3 = 1\,000$ Mal so groß. Ein Tuberkulosebakterium ist mit rund $3 \cdot 10^{-3}$ mm etwa zehnmal so groß wie ein Virus ($10^1 = 10$). Sehr große oder kleine Zahlen mit Zehnerpotenzen zu schreiben, hat sich in der Wissenschaft weltweit durchgesetzt. Denn so lassen sich riesige Zahlen genauso wie winzige auf einen Blick miteinander vergleichen.

Mond

$3{,}5 \cdot 10^6$ Meter

Erde

$1{,}3 \cdot 10^7$ Meter

Sonne

$1{,}4 \cdot 10^9$ Meter

Milchstraße

$1{,}8 \cdot 10^{21}$ Meter

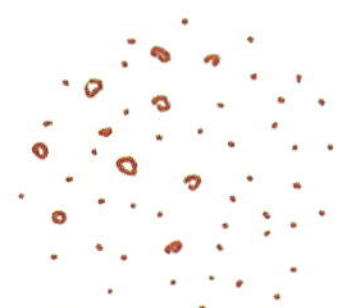

Universum

mehr als $4 \cdot 10^{26}$ Meter

Was für ein Anstieg!

Als 2020 das Corona-Virus aufkam, war ein mathematischer Begriff in aller Munde: exponentielles Wachstum. Aber weißt du auch, was sich dahinter verbirgt?
Zu Beginn von Corona gab jede erkrankte Person laut wissenschaftlichen Studien im Verlauf ihrer Erkrankung im Durchschnitt an drei andere Menschen das Virus weiter. Diese drei wiederum stecken je drei weitere an, insgesamt also neun Leute, bis sie selbst genesen sind. Den Neunen ergeht es genauso: Sie geben das Virus jeder an drei bisher noch nicht Erkrankte weiter. Dann haben wir 27 Corona-Positive. Weiter geht es mit 81, 243, 729 … Erkrankten. In jedem Schritt verdreifacht sich die Anzahl.

Das Unglück nimmt seinen Lauf

Was zunächst ganz harmlos beginnt, wird immer schlimmer. Wenn eine Ansteckung jeweils eine Woche braucht, gibt es nach zehn Wochen knapp 60 000 Kranke (genau 3^{10} = 59 049), nach 20 Wochen mehr als drei Milliarden (3^{20} = 3 486 784 401). Und nach 21 Wochen hätte sich schon die gesamte Weltbevölkerung angesteckt (3^{21} = 10 460 353 203). Nimm einen Taschenrechner oder dein Smartphone und rechne nach! Hättest du gedacht, dass eine einzige Ansteckung innerhalb weniger Wochen zu so einer krassen Ausbreitung führen könnte? Logisch, dass diese Rechnung die Sache nur stark vereinfacht darstellt. Doch sie zeigt, warum die Regierungen rund um die Welt versucht haben, Ansteckungen zu verhindern. Fast überall mussten die Menschen Masken tragen, wurden Versammlungen verboten, Restaurants geschlossen und sogar Schulen dichtgemacht. Und die Maßnahmen wirkten zum Glück.

Bakterien, Babys und Preise

Exponentielles Wachstum kommt nicht nur bei Corona vor. Unter günstigen Bedingungen vermehren sich zum Beispiel Bakterien exponentiell. Sie können sich etwa alle paar Tage verdoppeln. Auch das Wachstum einer Bevölkerung kann exponentiell sein: Bringt etwa jede Frau im Durchschnitt vier Kinder zur Welt, würde sich die Bevölkerung in jeder Generation verdoppeln.
Wenn die Preise immer gleich stark steigen, liegt ebenfalls exponentielles Wachstum vor. Legen sie etwa pro Jahr um ein Zehntel zu, das sind zehn Prozent, dann verdoppeln sie sich nach gut sieben Jahren. Und nach 24 Jahren haben sie sich bereits verzehnfacht.

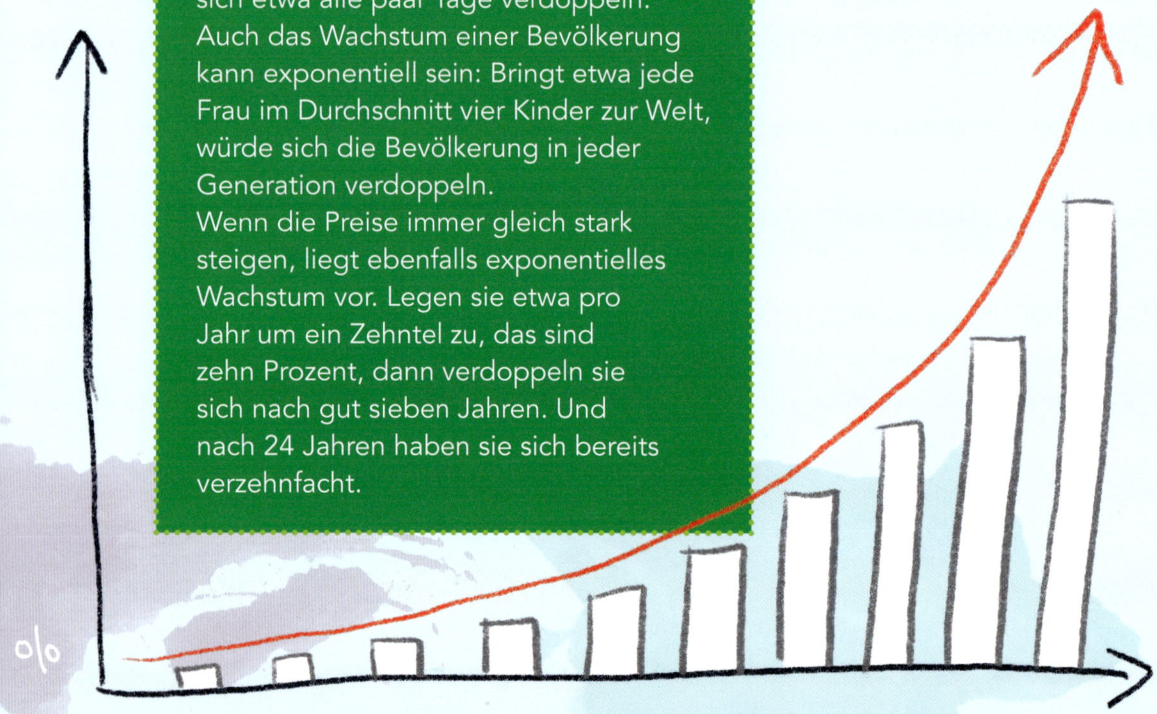

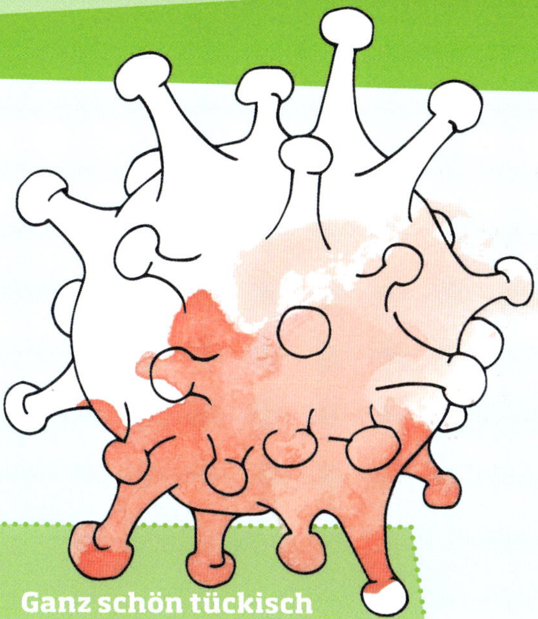

Ganz schön tückisch
Exponentielles Wachstum fängt harmlos an und explodiert nach einiger Zeit förmlich.

Steckte zu Beginn von Corona jede erkrankte Person im Schnitt drei weitere an, sank die Zahl der Angesteckten später stark. In Wissenschaft und Medien war vom R-Wert die Rede, der wiedergibt, wie viele Menschen sich im Durchschnitt bei einer erkrankten Person anstecken. Mithilfe des R-Werts lässt sich die Zahl der Erkrankten zu einem bestimmten Zeitpunkt ausrechnen. Im Beispiel ist der R-Wert gleich 3. Nach vier Wochen zum Beispiel sind $3^4 = 81$-mal mehr Menschen erkrankt als zu Beginn. Wir sind von einer erkrankten Person ausgegangen, also waren nach vier Wochen 81 erkrankt. Nach zehn Wochen waren es $3^{10} = 59049$.

Kurz und knapp

- Exponentielles Wachstum liegt vor, wenn etwas in gleichen Zeitabständen um den gleichen Anteil wächst.
- Wächst eine Größe exponentiell, fängt sie langsam an, größer zu werden, um mit der Zeit in atemberaubendem Tempo zu steigen.
- Beispiele sind die Verbreitung einer ansteckenden Krankheit, die Vermehrung von Bakterien oder Algen, das Wachstum einer Bevölkerung und der Anstieg der Preise.

Auf den R-Wert kommt es an

Sinkt der R-Wert etwa auf 1,5, wird nicht mehr 3 potenziert, sondern 1,5. Schon klar: Niemand kann eineinhalb Menschen anstecken. Aber der Wert stellt nur einen Durchschnitt dar. Du kannst dir das so vorstellen, dass zehn Erkrankte 15 andere Menschen anstecken. Bei einem R-Wert von 1,5 haben wir nach vier Wochen $1{,}5^4 = 5{,}0625$ Erkrankte. 0,0625 Menschen macht ebenfalls keinen Sinn, aber wir rechnen hier mit Durchschnittswerten. Nach zehn Wochen wären es $1{,}5^{10} = 57{,}66\ldots$, also rund 58 Erkrankte, was rund tausendmal weniger ist als bei einem R-Wert von 3.
Bei einem R-Wert von genau 1 bleibt die Anzahl der Angesteckten immer gleich groß. Denn jeder Erkrankte steckt im Durchschnitt einen anderen an. Ist der R-Wert kleiner als 1, nimmt die Anzahl der Erkrankten ab. Nehmen wir zum Beispiel R = 0,8. Das heißt, im Durchschnitt stecken zehn Erkrankte acht Menschen an. Gibt es dann in Deutschland etwa eine Million Corona-Kranke, sind es nach einer Woche nur noch 0,8 mal eine Million gleich 800 000 Erkrankte. Bei gleich bleibendem R-Wert wären es nach zehn Wochen noch $1\,000\,000 \cdot 0{,}8^{10} = 107\,374{,}1\ldots$, also rund 100 000 Corona-Kranke, nach 30 Wochen nur noch $1\,000\,000 \cdot 0{,}8^{30} = 1\,237{,}9\ldots$, etwas mehr als tausend.
Das ist die gute Nachricht bei einem exponentiellen Wachstum: So schnell, wie die Zahlen bei einem hohen R-Wert in die Höhe schießen, so schnell gehen sie bei einem kleinen R-Wert auch zurück.

Schon gewusst?

Exponentiell kommt vom lateinischen »exponere«, zu Deutsch herausstellen. Der Exponent ist in der Potenzrechnung ein anderes Wort für die Hochzahl.

Irrationale Zahlen

Gibt es noch mehr Zahlen als die ganzen Zahlen und die Brüche? Ja, die sogenannten irrationalen Zahlen, auf Deutsch die unvernünftigen Zahlen. Zu ihnen zählen manche Wurzeln. Die Quadratwurzel oder kurz Wurzel einer Zahl ist die Zahl, die mit sich selbst multipliziert die Ausgangszahl ergibt. Die Wurzel aus 4 ist zum Beispiel 2, denn $2 \cdot 2 = 4$. In Zeichen schreibt man: $\sqrt{4} = 2$. Die Wurzel aus 9 ist 3, also $\sqrt{9} = 3$, denn $3 \cdot 3 = 9$. Und $\sqrt{49} = 7$, denn $7 \cdot 7 = 49$. Vielleicht fallen dir noch weitere Wurzeln ein?

Unendlich viele Stellen

Aber nicht alle Wurzeln sind so schön einfach. Die Wurzel aus 2 etwa muss eine Zahl zwischen 1 und 2 sein. Denn $1 \cdot 1 = 1$ ist zu klein und $2 \cdot 2 = 4$ ist zu groß. Gibst du $\sqrt{2}$ in einen Taschenrechner ein, steht da 1,414213562. Doch Vorsicht: Das ist nur ein gerundetes Ergebnis. In Wirklichkeit hat die Zahl unendlich viele Stellen hinter dem Komma. Und die bilden kein Muster, das sich ab einer bestimmten Stelle ständig wiederholt, sondern eine Folge von Ziffern, die sich ohne eine offensichtliche Regel bis ins Unendliche fortsetzt. Denn $\sqrt{2}$ ist kein Bruch.

Das wussten die alten Griechen schon vor mehr als 2000 Jahren. Und sie haben es sogar bewiesen. Ähnlich wie beim Beweis, dass es unendlich viele Primzahlen gibt, den wir ja schon kennen, führen wir auch hier einen indirekten Beweis aus. Das heißt, wir nehmen das Gegenteil von dem an, was wir beweisen wollen, und folgern dann so lange logisch, bis sich ein Widerspruch ergibt. Daraus schließen wir dann, dass die Annahme falsch gewesen sein muss und damit die Behauptung, die wir beweisen wollten, richtig.

Beweis durch Widerspruch

Zum Beweis, dass $\sqrt{2}$ kein Bruch ist, fangen wir mit der Annahme an, $\sqrt{2}$ wäre doch als Bruch darstellbar. Dann gibt es zwei natürliche Zahlen, nennen wir sie z (wie Zähler) und n (wie Nenner), für die gilt: $\sqrt{2} = \frac{z}{n}$.

Brüche kann man bekanntlich häufig kürzen. Für den Bruch $\frac{z}{n}$ setzen wir voraus, dass er so weit wie möglich gekürzt wurde. Das bedeutet, dass die beiden natürlichen Zahlen z und n keinen gemeinsamen Teiler haben, es daher keine natürliche Zahl gibt, durch die sowohl z als auch n ohne Rest teilbar ist. Sind die beiden Zahlen $\sqrt{2}$ und $\frac{z}{n}$ gleich, müssen es auch ihre Quadrate sein, also die Ergebnisse, wenn man sie mit sich selbst malnimmt. Das klingt jetzt erst einmal ziemlich kompliziert, ist aber eigentlich gar nicht so schwer:

$$(\sqrt{2})^2 = \sqrt{2} \cdot \sqrt{2} = 2 = \left(\frac{z}{n}\right)^2 = \frac{z \cdot z}{n \cdot n}.$$

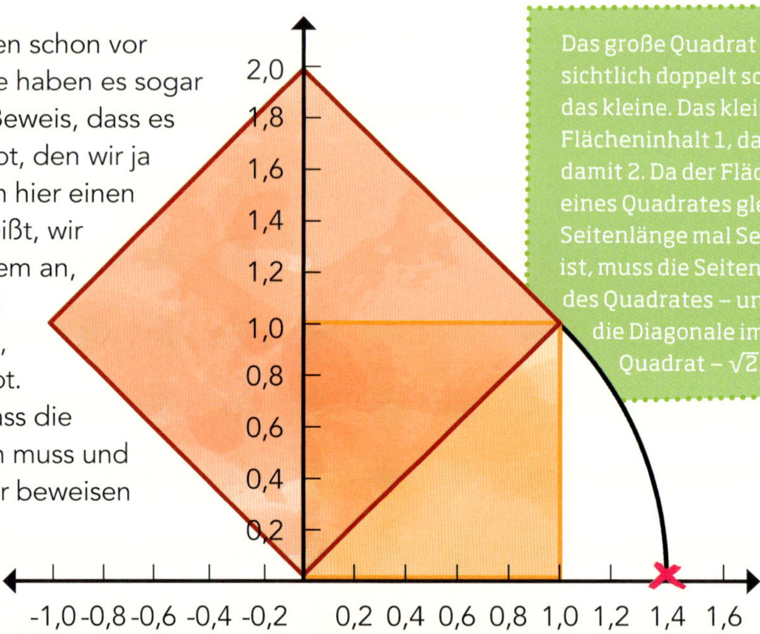

Das große Quadrat ist offensichtlich doppelt so groß wie das kleine. Das kleine hat den Flächeninhalt 1, das große damit 2. Da der Flächeninhalt eines Quadrates gleich Seitenlänge mal Seitenlänge ist, muss die Seitenlänge des Quadrates – und damit die Diagonale im kleinen Quadrat – $\sqrt{2}$ lang sein.

$\sqrt{3}$, $\sqrt{5}$, $\sqrt{7}$ … ebenfalls irrational

Der Beweis, dass Wurzel 2 irrational ist, lässt sich übertragen auf alle anderen natürlichen Zahlen, die nicht Quadratzahlen sind. Du kannst ihn genauso wie oben führen. Statt 2 schreibst du eben 3, 5 oder 7.
Bei den Quadratzahlen geht der Beweis nicht auf, weil bei dem Bruch $\frac{z}{n}$ das n gleich 1 ist. Die Wurzel aus 4 zum Beispiel kannst du schreiben als $\frac{2}{1}$, weil $\frac{2}{1} \cdot \frac{2}{1} = \frac{4}{1} = 4$.
Bei allen natürlichen Zahlen, die keine Quadratzahlen sind, kann n nicht gleich 1 sein. Denn sonst wären sie ja doch Quadratzahlen und ihre Wurzel gleich z.

$\sqrt{2} \cdot \sqrt{2}$ ergibt 2. Denn die Wurzel aus 2 ist ja gerade die Zahl, die mit sich selbst malgenommen 2 ergibt. Daraus ergibt sich nun unser Widerspruch. Wenn z und n keinen gemeinsamen Teiler haben, können auch $z \cdot z$ und $n \cdot n$ keinen gemeinsamen Teiler haben. Denn wo soll der herkommen? Er müsste ja schon in z und n drinstecken, da beim Malnehmen keine andere Zahl hinzukommt.

$\frac{z \cdot z}{n \cdot n} = 2$ bedeutet aber, dass $n \cdot n$ ein Teiler von $z \cdot z$ ist. Also haben $n \cdot n$ und $z \cdot z$ doch einen gemeinsamen Teiler! Und das ist der gesuchte Widerspruch. Unsere Annahme muss also falsch sein, ihr Gegenteil damit richtig: $\sqrt{2}$ lässt sich nicht als Bruch schreiben.

Höhere Wurzeln

Neben den Quadratwurzeln, die auf dieser Seite behandelt werden, gibt es noch weitere Wurzeln. Die sogenannte dritte Wurzel einer Zahl – in Zeichen $\sqrt[3]{\ }$ – ist die Zahl, die dreimal mit sich selbst malgenommen die Ausgangszahl ergibt. Ein paar Beispiele:

$\sqrt[3]{8} = 2$, denn $2 \cdot 2 \cdot 2 = 2^3 = 8$

$\sqrt[3]{27} = 3$, denn $3 \cdot 3 \cdot 3 = 3^3 = 27$

$\sqrt[3]{1\,000} = 10$, denn $10 \cdot 10 \cdot 10 = 10^3 = 1\,000$

$\sqrt[3]{2} = 1{,}2599210\ldots$ (Taschenrechner)

Ähnlich wie bei den Quadratwurzeln gibt es auch bei den dritten Wurzeln einer natürlichen Zahl nur zwei Möglichkeiten: Entweder ist sie wie in den Beispielen eine natürliche Zahl oder eine irrationale Zahl.
Das Spiel lässt sich fortsetzen mit vierten, fünften, sechsten und so weiter Wurzeln:

$\sqrt[4]{16} = 2$, denn $2 \cdot 2 \cdot 2 \cdot 2 = 2^4 = 16$

$\sqrt[5]{32} = 2$, denn $2 \cdot 2 \cdot 2 \cdot 2 \cdot 2 = 2^5 = 32$

$\sqrt[6]{1\,000\,000} = 10$, denn
$10 \cdot 10 \cdot 10 \cdot 10 \cdot 10 \cdot 10 = 10^6 = 1\,000\,000$

Ganz schön kniffelig der Beweis, oder? Wenn du ihn nicht gleich verstanden hast, lies ihn dir noch einmal Schritt für Schritt durch. Und staune dabei, was für eine schwierige Beweisführung sich die Menschen schon vor mehr als 2000 Jahren in einer Welt ohne Auto, Telefon, Kühlschrank und Computer ausgedacht haben.

Die Kreiszahl Pi

Machen wir ein kleines Experiment. Hole dir ein paar Konserven- oder Getränkedosen unterschiedlicher Größe, ein Stück Schnur oder einen Papierstreifen und einen Meterstab. Miss von jeder Dose ihren Durchmesser, also wie breit sie ist. Jetzt legst du die Schnur oder den Papierstreifen um die Dosen und misst, wie lang die Schnur oder der Streifen mindestens sein muss, damit sie oder er einmal um die Dose geht. So bestimmst du ihren Umfang. Jetzt teilst du den Umfang durch den Durchmesser. Du kannst dafür auch einen Taschenrechner benutzen. Wenn du sauber gearbeitet hast, kommt bei der Rechnung immer derselbe Wert von etwas mehr 3 heraus – genauer gesagt 3,14159265…

Annäherungen
Berechnest du die Flächeninhalte geeigneter regelmäßiger Vielecke, kannst du den Flächeninhalt eines Kreises beliebig genau bestimmen.

Ein Wettlauf nach Genauigkeit

Diese Zahl, die das Verhältnis vom Umfang eines Kreises zu seinem Durchmesser angibt, wird in der Mathematik mit dem griechischen Buchstaben π benannt, sprich Pi. Mit ihr lässt sich nicht nur der Umfang eines Kreises berechnen, sondern auch seine Fläche. Dazu brauchst du den Radius des Kreises. Das ist die Entfernung von seinem Mittelpunkt zum Kreisbogen, also dem äußeren Rand des Kreises. Logischerweise ist der Radius genau die Hälfte des Durchmessers. Wenn du den Radius mit sich und dann noch mit π malnimmst, erhältst du den Flächeninhalt des Kreises.

Die Kreiszahl π war in allen frühen Hochkulturen, etwa bei den Babyloniern, Ägyptern und Indern, bereits bekannt. Die Gelehrten rechneten damals mit Annäherungen an den wahren Wert. Je nach Anwendung benutzten sie mal 3, dann wieder 3,12 oder 3,16, um Kreise zu berechnen. Archimedes versuchte vor gut 2000 Jahren, die Fläche eines Kreises mit Vielecken anzunähern. Er berechnete eine Figur mit 96 Ecken und kam so zu dem Wert 3,14084… Die Zahl stimmt bis zur zweiten Stelle nach dem Komma mit dem genauen Wert überein.

Sieben Jahrhunderte später fanden chinesische Mathematiker mit ähnlichem Vorgehen die ersten sieben Stellen nach dem Komma von π heraus. Der deutsche Mathematiker Ludolph van Ceulen setzte ab Ende des 16. Jahrhunderts das Werk des Archimedes fort. Er tüftelte 30 Jahre lang am Flächeninhalt eines Vielecks mit Billionen Ecken und fand so schließlich die ersten 35 Stellen nach dem Komma von π heraus. Ihm zu Ehren nennen manche heute noch π die Ludolph'sche Zahl.

Im 18. Jahrhundert gelang es schließlich zu beweisen, dass π eine irrationale Zahl ist. Das heißt, sie hat unendlich viele Stellen nach dem

$\pi = 3.14159265358979323846264338327950288419716939937510582097494459230781640628620899862803482534$

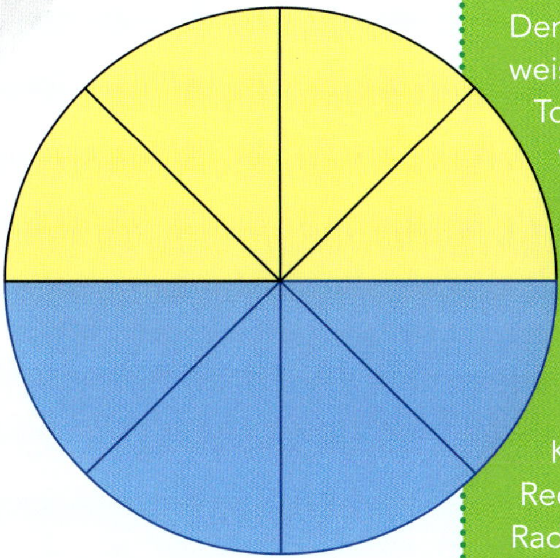

Die Kreisfläche

Den Flächeninhalt eines Kreises kannst du annäherungsweise bestimmen, indem du einen Kreis in acht schmale Tortenstücke zerlegst. Dann schiebst du die Stücke wie in der Zeichnung zu einem Rechteck zusammen. Die Höhe des Rechtecks stimmt mit dem Radius des Kreises überein. Die Breite des Rechtecks ist ungefähr die Hälfte des Kreisumfangs, da die eine Hälfte des Kreises die obere Seite des Rechtecks annähert und die andere die untere. Da der Radius die Hälfte des Durchmessers ist, misst die Hälfte des Kreisumfangs Radius mal π. Der Flächeninhalt eines Rechtecks ist Höhe mal Breite und damit Radius mal Radius mal π oder Radius zum Quadrat mal π.

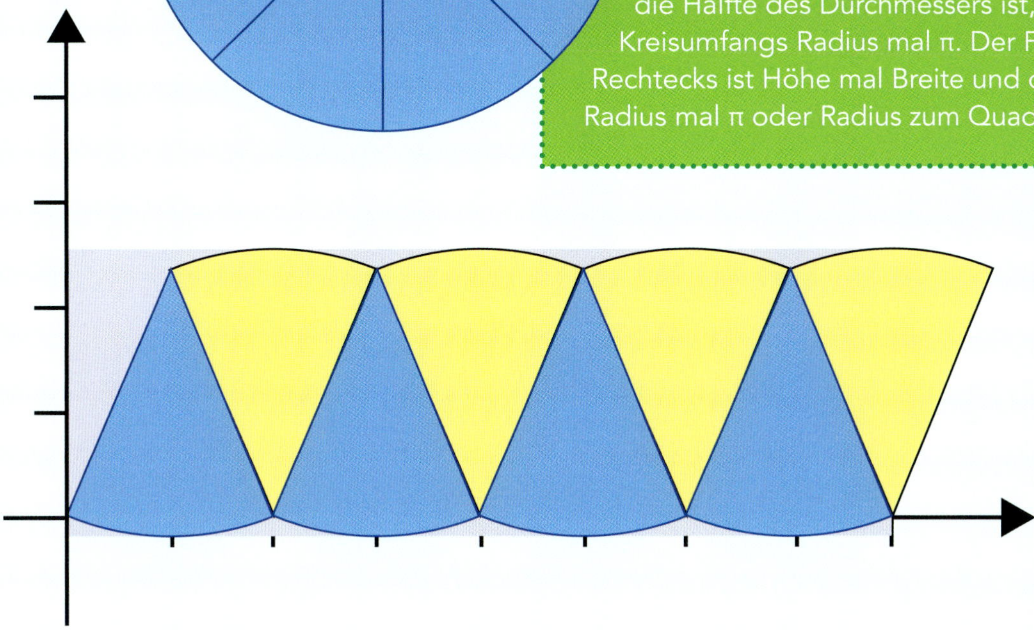

Komma, die keine regelmäßigen Wiederholungen, sogenannte Perioden, aufweisen. Heute haben Frauen und Männer aus der Mathematik und Informatik mehr als hundert Billionen Nachkommastellen von π mit dem Computer bestimmt. Sie zerlegten dazu allerdings nicht einen Kreis in Vielecke, sondern wandten andere Verfahren an.

Dein Geburtsdatum in π

Die Kreiszahl π taucht heute in vielen Zusammenhängen in der Mathematik auf, die nichts mit Kreisen zu tun haben. Sie ist eine der am stärksten erforschten Zahlen. So hat man etwa herausgefunden, dass es unter den ersten tausend Stellen nach dem Komma keine Folgen von vier oder fünf gleichen Ziffern hintereinander gibt – mit einer Ausnahme: Ab der 762. Stelle steht sechsmal nacheinander eine 9.

Die meisten Fachleute glauben, dass π eine sogenannte normale Zahl ist. Beweisen konnte das bisher allerdings noch niemand. Normal heißt eine Zahl, wenn in ihren Nachkommastellen jede beliebige Zahlenfolge irgendwann einmal auftaucht. Wenn dem so wäre, so fände man in den Nachkommastellen von π jedes Buch, wenn dessen Text verschlüsselt wäre. Schon unter den ersten 200 Millionen Stellen kannst du alle möglichen Zahlenfolgen entdecken – schau doch einfach mal im Internet nach. Das Geburtsdatum des Autors dieses Buches etwa steht ab der 64 487 128. Stelle nach dem Komma.

Alles ist Zahl

Spätestens in der Mittelstufe taucht Pythagoras in deinem Mathe-Unterricht auf. Dabei sind von dem Gelehrten aus dem alten Griechenland keinerlei Schriften überliefert. Alles, was wir heute über ihn wissen, wurde lange nur mündlich weitergegeben – bis es schließlich jemand aufschrieb. Pythagoras gründete eine Schule, die wohl eher einem Geheimbund oder einer Sekte glich. Die bis zu 600 Mitglieder schenkten ihr Vermögen der Schule und lebten zusammen. Sie kleideten sich in Weiß und aßen kein Fleisch, waren also Vegetarier.

Die schwingende Saite

Ihr Leitspruch lautete »Alles ist Zahl«. Sie glaubten, die Natur sei aus den natürlichen Zahlen aufgebaut. Damit waren sie die Ersten, die einen abstrakten Begriff als die Grundlage von Allem ansahen.
Bestes Beispiel ist die Harmonielehre des Pythagoras, die er bei Versuchen mit zwei gleichen eingespannten Schnüren belegte. Du kannst dir die Saiten einer Gitarre vorstellen. Zuerst ließ er eine Saite frei schwingen. Dann hielt er die zweite an bestimmten Punkten fest, bevor er sie anschlug. Dabei schrieb er auf, ob der entstehende Ton gut zum Grundton der frei schwingenden Saite passte, mit ihm also harmonierte. Das war genau dann der Fall, wenn er die zweite Saite in der Mitte festhielt oder an einem Punkt, sodass ihre Länge in einem einfachen Verhältnis zur Länge der ersten stand. Beispiele dafür sind die Saitenverhältnisse 2 zu 3, 3 zu 4, 4 zu 5 und 5 zu 6. In der Musik heißen die zugehörigen Töne Quinte, Quart, große und kleine Terz. Sie sind noch heute die Grundlage der meisten Musikstile wie Klassik, Rock oder Pop.

Auch bei den Bahnen der Planeten, bei Sternen und vielen anderen Dingen glaubte Pythagoras natürliche Zahlen als deren Kern zu entdecken.

Vergleichbare Strecken

Wenn die Welt auf den natürlichen Zahlen aufgebaut ist, sollte alles in einfachen Zahlenverhältnissen auszudrücken sein. Zwei Strecken zum Beispiel sollten kommensurabel sein, wie er und seine Anhänger, die Pythagoräer, es nannten. Das heißt, man sollte sie so um ein Vielfaches verlängern können, dass sich gleich lange Strecken ergeben. Ist die eine Strecke etwa zehn Zentimeter lang und die andere zwölf, verlängern wir die erste auf ihr Sechsfaches und die Zweite auf ihr Fünffaches und erhalten gleich lange Strecken.
Denn $6 \cdot 10 = 60 = 5 \cdot 12$.
Nicht alle Strecken sind jedoch kommensurabel – das heißt, sie sind inkommensurabel. Die Diagonale in einem Quadrat ist zum Beispiel nicht kommensurabel mit der Seitenlänge des Quadrates.

Ganz schön schräg
Die Diagonale in einem Quadrat mit den Seitenlängen 1 ist $\sqrt{2}$ lang. Diagonale und Seite sind somit inkommensurabel.

Das Wahrzeichen

Ein fünfzackiger Stern, das Pentagramm, stand bei Pythagoras für Gesundheit. Auch darin finden sich inkommensurable Strecken.

Nehmen wir ein Quadrat mit der Seitenlänge 1. Dann ist die Diagonale die Länge $\sqrt{2}$ – das kennen wir ja schon. Und wenn man die irrationale Zahl $\sqrt{2}$ mit einer natürlichen Zahl malnimmt, kommt immer eine irrationale Zahl heraus. Somit lassen sich Diagonale und Seite eines Quadrats nicht so vervielfachen, dass dieselbe Länge dabei herauskommt.
Das hat vermutlich schon Hippasos um 520 vor Christus herausbekommen. Einer Geschichte zufolge soll der Pythagoräer seine Erkenntnis nicht für sich behalten haben, was Pythagoras nicht gefiel. Hippasos soll kurz darauf bei einer Schiffsreise über Bord gegangen sein. Es wurde spekuliert, ob die Götter ihn bestrafen wollten oder Anhänger des Pythagoras nachgeholfen haben.
Neueren historischen Untersuchungen zufolge soll Pythagoras gar kein Problem mit der mathematischen Forschung des Hippasos und deren Veröffentlichung gehabt haben. Vielmehr stritten sich die beiden wohl über Politik.

Sektenführer oder Wissenschaftler?

Die frühesten Texte, die Ideen und Taten des Pythagoras beschreiben, wurden erst rund 500 Jahre nach dessen Tod niedergeschrieben. Dementsprechend ist seine Bedeutung für die Mathematik umstritten. Manche Historikerinnen und Historiker glauben, Pythagoras habe als religiöser Führer keinerlei Interesse an Wissenschaft gehabt. Er habe Zahlen nur als göttliche Zeichen verwendet, aber keine mathematischen Zusammenhänge erforscht. Andere meinen, er sei ein Gelehrter gewesen, der Mathematik, Astronomie, Musiktheorie und Philosophie gemeinsam mit seinen Schülerinnen und Schülern untersucht habe.
Ob Pythagoras nur ein Sektenführer oder doch ein ernsthafter Wissenschaftler war, wird sich vermutlich nie ganz klären lassen. Dafür haben wir zu wenige Überlieferungen aus der Antike.

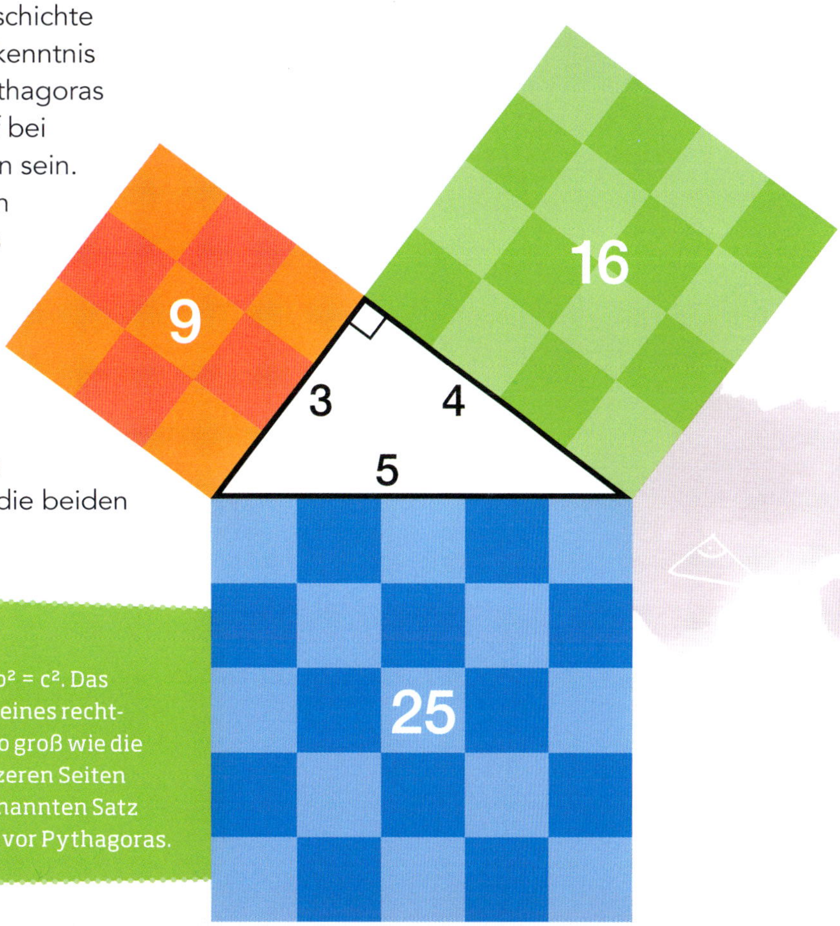

Orange + Grün = Blau

Der Satz des Pythagoras: $a^2 + b^2 = c^2$. Das Quadrat über der langen Seite eines rechtwinkligen Dreiecks ist genauso groß wie die Quadrate über den beiden kürzeren Seiten des Dreiecks. Den nach ihm benannten Satz kannten Gelehrte schon lange vor Pythagoras.

Imaginäre Zahlen

Natürliche Zahlen, Brüche, irrationale Zahlen – haben wir jetzt alle Zahlen kennengelernt? Nein! Mathematikerinnen und Mathematiker kommen mit ihnen allein noch nicht aus. Sie haben sich noch mehr Zahlenarten ausgedacht, etwa die sogenannten imaginären Zahlen, zu Deutsch die nur in der Vorstellung vorhandenen Zahlen. Die brauchst du, wenn du alle Wurzeln lösen willst. Um zu verstehen, was es mit den imaginären Zahlen auf sich hat, müssen wir etwas ausholen. Klar, wenn du eine positive Zahl mit einer positiven malnimmst, kommt wieder eine positive Zahl heraus, zum Beispiel $2 \cdot 3 = 6$. Eine negative mal eine positive Zahl ergibt eine negative Zahl. Denn wenn du drei Euro Schulden hast und die verdoppeln sich, hast du sechs Euro Schulden: $2 \cdot (-3) = -6$. Aber was ist $(-2) \cdot (-3)$? Da $2 \cdot 3 = 6$, gibt es nur zwei Möglichkeiten: 6 und –6.

Minus mal Minus ist Plus

Wäre $(-2) \cdot (-3) = -6$, würde es keinen Unterschied machen, ob wir mit 2 oder mit –2 malnehmen. Das ist nicht sinnvoll. Deshalb gilt: $(-2) \cdot (-3) = 6$. Oder allgemein ausgedrückt: Minus mal Minus ist Plus. Nimmst du zwei negative Zahlen miteinander mal, kommt immer etwas Positives heraus.

Das führt aber zu einer Schwierigkeit. Denn dann gibt es keine Zahl, die mit sich selbst malgenommen eine negative Zahl ergibt. Und das bedeutet, dass es keine Wurzel aus einer negativen Zahl geben kann. Um zum Beispiel $\sqrt{(-1)}$ zu bestimmen, müssten wir eine Zahl finden, die mit sich selbst malgenommen –1 ergibt. Wegen Minus mal Minus gleich Plus lässt sich die weder bei den Brüchen noch bei den irrationalen Zahlen finden. Das haben Gelehrte schon vor mehr als tausend Jahren festgestellt. Die beiden italienischen Mathematiker Gerolamo Cardano und Rafael Bombelli kamen vor knapp 500 Jahren auf eine Lösung. Sie führten einfach eine neue Klasse von Zahlen ein: die imaginären Zahlen.

Zahlengerade und Zahlenebene

Brüche und irrationale Zahlen lassen sich alle auf einer Zahlengeraden darstellen. Um imaginäre Zahlen zu veranschaulichen, zeichnen wir zwei aufeinander senkrecht stehende Geraden. Die waagrechte Gerade steht dabei für die rationalen und die irrationalen Zahlen, die senkrechte für die imaginären. Jeder Punkt in der Ebene, die von den beiden Geraden aufgespannt wird, ist nun einer rationalen beziehungsweise irrationalen Zahl und einer imaginären zugeordnet. Er steht für die Summe dieser beiden Zahlen, die auch komplexe Zahl genannt wird.
Mit den so festgelegten komplexen Zahlen lässt sich ähnlich rechnen wie mit den herkömmlichen Zahlen. Ihr großer Vorteil ist, dass es in den komplexen Zahlen zu jeder Zahl eine Wurzel gibt.

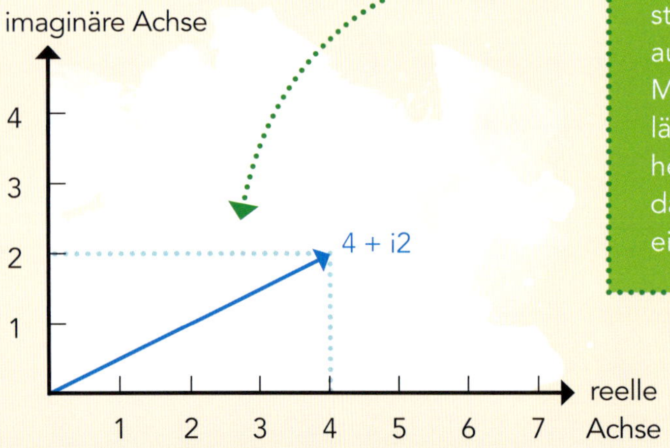

Die Wurzel aus –1

Ausgangspunkt dabei ist die sogenannte imaginäre Einheit, in Zeichen i. Sie wird festgelegt als die Zahl, die mit sich selbst malgenommen –1 ergibt. Es gilt also $i^2 = i \cdot i = -1$ und somit $i = \sqrt{(-1)}$.
Die imaginäre Einheit i gehört zu einer neuen Klasse von Zahlen. Sie kann kein Bruch und keine irrationale Zahl sein, da deren Quadrat nie eine negative Zahl ergibt.
Aus dem imaginären i basteln wir weitere imaginäre Zahlen zusammen. Für $2 \cdot i$ etwa gilt $(2i)^2 = 2^2 \cdot i^2 = 4 \cdot (-1) = -4$. Oder anders aufgeschrieben: $2 \cdot i = \sqrt{(-4)}$. Entsprechend gilt $3 \cdot i = \sqrt{(-9)}$. Und allgemein steht $x \cdot i = \sqrt{(-x^2)}$ für jede rationale und irrationale Zahl x. Auf diese Weise gelingt es uns, für jede negative Zahl eine Wurzel zu finden.
Klingt verrückt, oder? Zugegeben: Auf den ersten Blick wirken die imaginären Zahlen, als hätten sie wenig mit der Wirklichkeit zu tun. Wer kann sich schon eine Zahl vorstellen, die mit sich selbst malgenommen –1 ergibt? Doch imaginäre Zahlen haben sich in vielen Anwendungen als unverzichtbar herausgestellt. Ingenieurinnen und Ingenieure berechnen mit ihnen etwa die Strömungen der Luft um ein Flugzeug und die des Wassers in einem Kraftwerk. In der Physik wird mit ihrer Hilfe Strom und Spannung in elektrischen Schaltkreisen bestimmt. Obwohl die imaginären Zahlen aus rein mathematischen Gründen erfunden wurden, sind sie heute aus Naturwissenschaft und Technik nicht mehr wegzudenken.

Gerolamo Cardano
1501–1576

Mathematiker und Glücksspieler

Gerolamo Cardano erfand nicht nur die imaginären Zahlen. Er studierte Jura, Naturwissenschaften und Medizin. Vor 500 Jahren war das nicht ungewöhnlich. Heute schafft das niemand mehr. Dazu sind die einzelnen Fächer inzwischen zu umfangreich.
Cardano war zwar ein in ganz Europa bekannter Arzt. Dennoch hatte er immer wieder kein Geld. Mal konnte die Universität, an der er angestellt war, ihn nicht bezahlen. Ein anderes Mal widmete er sich lieber seiner Forschung, statt zu arbeiten. In der Mathematik war er einer der Ersten, die versuchten, Wahrscheinlichkeiten auszurechnen. Das eröffnete ihm eine Einkommensquelle: Mit seinem Wissen über den Zufall gewann er viel Geld beim Glücksspiel.

Kurz und knapp

- Minus mal Minus ergibt Plus.
- Neben den rationalen und den irrationalen gibt es die imaginären Zahlen.
- Imaginär heißt nur in der Vorstellung vorhanden.
- Die imaginären Zahlen sind die Wurzeln aus negativen Zahlen.
- Du kannst mit ihnen ähnlich rechnen wie mit den anderen Zahlen.

Schon gewusst?

Der deutsche Gelehrte Gottfried Wilhelm Leibniz nannte die imaginären Zahlen »eine feine und wunderbare Zuflucht des menschlichen Geistes, beinahe ein Zwitterwesen zwischen Sein und Nichtsein.«

Alles auf einen Blick

Gratuliere, du hast es geschafft und kennst dich jetzt mit Zahlen aus. Du hast Rechentricks, Zahlenfolgen, Brüche, Wurzeln und die imaginäre Einheit kennengelernt. Auf dieser Seite findest du noch mal kurz zusammengefasst, was du inzwischen alles über Zahlen weißt. Und das ist ganz schön viel!

Eine nach der anderen

Reiht sich ohne Ende eine Zahl an die andere, nennt man das eine Zahlenfolge. Mathematikerinnen und Mathematiker haben schon viele Tausend Zahlenfolgen auf ihre Eigenschaften untersucht. Beispiele sind die Dreiecks-, die Quadrat- und die Fibonacci-Zahlen.

Arabische Zahlen

Früher haben die Menschen Zahlen anders geschrieben als heute und anstatt mit Stift und Papier mit Rechenbrettern gerechnet, auf denen sie Steine oder Perlen hin- und herschoben. Unsere heutigen – arabischen – Zahlen beruhen im Gegensatz zu den vorher verwendeten römischen Zahlen auf einem Stellenwertsystem. Jede Ziffer hat einen unterschiedlichen Wert, je nachdem wo sie in der Zahl steht. Es gibt Einer, Zehner, Hunderter und so weiter. Nur deswegen kannst du auch große Zahlen mit Stift und Papier zusammenzählen oder miteinander malnehmen.

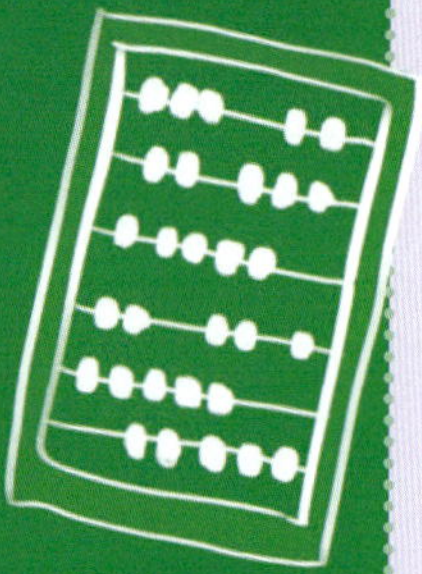

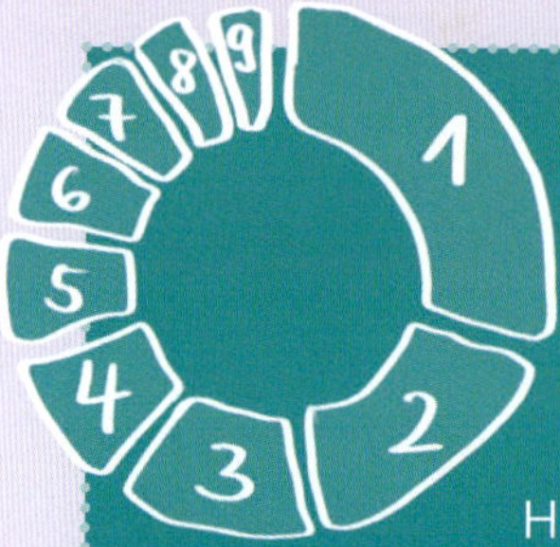

Die Eins gewinnt

In vielen Listen von Zahlen wie zum Beispiel bei Hausnummern von Kindern einer Schulklasse, Primzahlen oder Bevölkerungszahlen von Städten sind die Ziffern an der höchsten Stelle nicht gleichmäßig verteilt. Vielmehr beginnen die Zahlen mehr als sechsmal so häufig mit einer Eins als mit einer Neun.

Rechentricks

Bei so mancher Aufgabe kannst du deine Mitmenschen mit Rechentricks verblüffen. Etwa wenn es darum geht, fortlaufende Zahlen zusammenzuzählen, die Teilbarkeit von großen Zahlen zu bestimmen oder Zahlen mit 11 malzunehmen.

Rechenautomaten

Schon seit Jahrhunderten erfinden die Menschen Apparate, die lange Rechnungen erledigen. Vor rund 80 Jahren kamen dann die ersten Computer auf: Rechenautomaten, die von Programmen gesteuert werden. Zwar funktionierten die ersten Apparate noch mechanisch und nicht elektronisch. Doch öffneten sie den Weg in unsere heutige Computerwelt.

Primzahlen

Ist eine Zahl nur durch sich selbst und durch 1 ohne Rest teilbar, so heißt sie Primzahl. Du weißt nicht nur, dass es unendlich viele Primzahlen gibt, sondern auch, wie man das beweist.

Brüche sind nicht alles

Neben den ganzen Zahlen und den Brüchen kennst du die irrationalen Zahlen. Zu ihnen gehören manche Wurzeln wie etwa $\sqrt{2}$ oder $\sqrt{5}$. Wie du weißt, lassen sich diese Zahlen nicht als Brüche schreiben.

Goldbachs Vermutung

300 Jahre alt und bis heute nicht bewiesen: »Jede gerade Zahl größer als 3 ist die Summe zweier Primzahlen.« Computer haben die Behauptung für die erste Trillion Zahlen nachgeprüft. Doch ein allgemein gültiger Beweis steht noch aus.

Riesig groß und winzig klein

Willst du große und kleine Zahlen auf einen Blick erfassen, kannst du die wissenschaftliche Schreibweise verwenden. Bei ihr wird aus der Zahl eine passende Zehnerpotenz herausgeholt. Zwei Beispiele: $150\,000\,000 = 1{,}5 \cdot 10^8$ und $0{,}000002 = 2 \cdot 10^{-6}$. An der Hochzahl kannst du ablesen, wie viele Stellen die Zahl hat.

Geheimnisvolle Kreiszahl

Die Kreiszahl π (sprich Pi) gibt das Verhältnis vom Umfang eines Kreises zu seinem Durchmesser an. π hat unendlich viele Nachkommastellen, in denen bis heute kein Muster gefunden wurde.

Viele Ordnungen

Ordnest du Personen oder Gegenstände an, hast du unvorstellbar viele Möglichkeiten. Für die Sitzordnung in einer Schulklasse mit 20 Kindern kommst du auf 20 Fakultät verschiedene Möglichkeiten. In Zeichen: $20! = 20 \cdot 19 \cdot 18 \cdot \ldots \cdot 3 \cdot 2 \cdot 1 \approx 2{,}4 \cdot 10^{18}$, also mehr als zwei Trillionen Sitzordnungen.

Imaginäre Zahlen

Da Minus mal Minus Plus ergibt, ist das Ergebnis immer positiv, wenn du eine Zahl mit sich selbst malnimmst. Daher kannst du aus einer negativen Zahl eigentlich keine Wurzel ziehen. Um das dennoch möglich zu machen, hast du die imaginäre Einheit i kennengelernt. Für sie gilt: $i = \sqrt{(-1)}$. Obwohl die Idee verrückt klingt, sind imaginäre Zahlen aus der Physik und den Ingenieurwissenschaften nicht mehr wegzudenken.

Glossar

Abakus: Hilfsmittel zum Rechnen, bei dem Kugeln auf Drähten hin- und hergeschoben werden.

Arabische Zahlen: Schreibweise von Zahlen, wie wir sie heute in Europa verwenden. Die arabischen Zahlen werden aus den Ziffern 0, 1, 2, 3 … 9 gebildet, die je nach Stellung verschiedene Werte darstellen. Die letzte Ziffer einer Zahl gibt die Einer wieder, die vorletzte die Zehner, die vorvorletzte die Hunderter und so weiter.

Babylonische Zahlen: Vor rund 5000 Jahren benutzten die Gelehrten in Babylonien bereits ein Zahlensystem, bei dem die Stellung einer Ziffer ihren Wert bestimmte. Anders als beim arabischen Zahlensystem stand eine Ziffer, die an vorletzter Stelle stand, bei den Babyloniern nicht für ihren zehnfachen, sondern für ihren 60-fachen Wert.

Benfords Gesetz: Regel über die führenden Ziffern in Zahlenlisten. Zum Beispiel bei Hausnummern von Kindern einer Schulklasse, Primzahlen oder Bevölkerungszahlen von Städten sind die Ziffern an der höchsten Stelle nicht gleichmäßig verteilt. Vielmehr beginnen die Zahlen mehr als sechsmal so häufig mit einer Eins wie mit einer Neun.

Beweis: Für viele Mathematikerinnen und Mathematiker das Wichtigste in ihrer Wissenschaft. Mathematische Behauptungen gelten nur, wenn sie mit logischen Schlüssen aus den Voraussetzungen hergeleitet wurden. Einmal bewiesen, gelten sie für die Ewigkeit. In anderen Wissenschaften werden Ergebnisse dagegen häufig durch neue Forschungen widerlegt.

Bruch: Entsteht beim Teilen einer ganzen Zahl durch eine andere ganze Zahl. Willst du zwei Pizzen an drei Kinder verteilen, sodass jedes gleich viel bekommt, musst du die Pizzen zerschneiden. Jedes Kind bekommt dann zwei Drittel Pizza – in Zeichen $\frac{2}{3}$.

Code: Regel, nach der eine Nachricht so verschlüsselt wird, dass sie nicht jeder lesen kann.

Dezimalbruch: Anderes Wort für eine Kommazahl. Die Ziffern vor dem Komma geben den ganzzahligen Anteil der Zahl wieder, die Ziffern hinter dem Komma stehen für den gebrochenen Anteil. Die erste Stelle nach dem Komma sind die Zehntel, die zweite die Hundertstel und so weiter.

Dreieckszahl: Mit dieser Anzahl von Steinen kannst du ein gleichmäßiges Dreieck legen. Die ersten Dreieckszahlen sind 1, 3, 6, 10, 15.

Enigma: Gerät, mit dem die deutsche Wehrmacht im Zweiten Weltkrieg Nachrichten verschlüsselte. Die Engländer bauten den Apparat nach. So gelang es ihnen, viele geheime Botschaften zu entschlüsseln.

Exponentielles Wachstum: Wachstum, bei dem pro Zeiteinheit immer derselbe Anteil hinzukommt. Wartet man lange genug, übersteigen die Zahlen alle Grenzen.

Fakultät: Rechenvorschrift, bei der eine natürliche Zahl mit allen natürlichen Zahlen, die kleiner sind als sie, malgenommen wird. Beispiel: Fakultät von 5, in Zeichen $5! = 5 \cdot 4 \cdot 3 \cdot 2 \cdot 1 = 120$.

Fermat'scher Satz: Die Gleichung $a^n + b^n = c^n$ hat für n größer als 2 keine ganzzahligen Lösungen. Der Satz konnte erst mehr als 350 Jahre, nachdem er erstmals vermutet wurde, bewiesen werden.

Fibonacci-Zahlen: Zahlenfolge, die das Wachstum einer Familie von Kaninchen wiedergibt. Benannt ist sie nach dem Mathematiker Fibonacci, der vor rund 800 Jahren in Italien gelebt hat.

Ganze Zahl: Zahl, die keinen Bruchteil hat. Ganze Zahlen können negativ sein. Sie lassen sich auflisten: … –3, –2, –1, 0, 1, 2, 3 …

Goldbachs Vermutung: Jede gerade Zahl größer als 3 lässt sich als Summe zweier Primzahlen schreiben. Die Vermutung wurde vor knapp 300 Jahren aufgestellt und konnte bis heute nicht bewiesen werden.

Hilberts Hotel: Gedankenexperiment des deutschen Mathematikers David Hilbert über die Unendlichkeit. In Hilberts Hotel gibt es unendlich viele Zimmer. Sind alle belegt und kommen unendlich viele neue Gäste, so ist das kein Problem. Der Gast von Zimmer 1 zieht in Zimmer 2 um, der von 2 in 4, der von 3 in 6 und so weiter. Schon sind unendlich viele Zimmer frei, nämlich alle mit ungerader Zimmernummer.

Imaginäre Einheit: Die Wurzel aus –1. Wegen Minus mal Minus gleich Plus gibt es keine Zahl, deren Quadrat gleich 1 sein kann. Um trotzdem aus negativen Zahlen die Wurzel ziehen zu können, wird in der Mathematik die Wurzel aus –1 als imaginäre Einheit definiert und mit i abgekürzt: $\sqrt{(-1)} = i$.

Irrationale Zahlen: Zahlen, die sich nicht als Bruch schreiben lassen. Beispiele sind $\sqrt{2}$, $\sqrt{3}$, $\sqrt{5}$ und die Kreiszahl π.

Kommazahl: Anderes Wort für Dezimalbruch. Die Ziffern vor dem Komma geben den ganzzahligen Anteil der Zahl wieder, die hinter dem Komma stehen für den gebrochenen Anteil. Die erste Stelle nach dem Komma sind die Zehntel, die zweite die Hundertstel und so weiter.

Kommensurabel: Zwei Größen sind kommensurabel, wenn ein ganzzahliges Vielfaches der einen genauso groß ist wie ein ganzzahliges Vielfaches der anderen. Zwei Brüche sind immer kommensurabel. 1 und $\sqrt{2}$ aber zum Beispiel nicht.

Komplexe Zahlen: Zahlen, die sich aus rationalen oder irrationalen Zahlen und Vielfachen der imaginären Einheit zusammensetzen.

Natürliche Zahlen: Die positiven ganzen Zahlen: 1, 2, 3, 4 …

Negative Zahl: Zahl kleiner als Null, zum Beispiel –3 oder $-\frac{3}{4}$.

Nenner: Bei einem Bruch die Zahl unter dem Bruchstrich.

Pi: Die Kreiszahl, als Zeichen: π. Pi gibt das Verhältnis des Umfangs eines Kreises zu seinem Durchmesser an.

Positive Zahl: Zahl größer als Null.

Potenz: Rechenvorschrift, bei der eine Zahl mehrmals mit sich selbst malgenommen wird. Beispiele: 2^3 (sprich »zwei hoch drei«) = $2 \cdot 2 \cdot 2 = 8$ oder $10^4 = 10 \cdot 10 \cdot 10 \cdot 10 = 10000$.

Primzahl: Zahl, die nur sich selbst und 1 als Teiler hat. Die Folge der Primzahlen beginnt so: 2, 3, 5, 7, 11, 13 …

Primzahlzwilling: Zwei Primzahlen, die den Abstand 2 voneinander haben. Beispiele: 3 und 5 oder 17 und 19.

Quadratzahlen: Zahlen, die das Quadrat einer ganzen Zahl sind, also das Ergebnis, wenn man diese Zahl mit sich selbst malnimmt. Beispiele: $4 = 2 \cdot 2$ oder $25 = 5 \cdot 5$.

Quersumme: Die Summe der einzelnen Stellen einer Zahl. Die Quersumme von 17 ist etwa 1 + 7 = 8, die von 1 362 ist 1 + 3 + 6 + 2 = 12.

Rationale Zahlen: Zahlen, die sich als Bruch schreiben lassen.

Rechenmeister: Neu aufkommender Beruf zu Beginn der Neuzeit vor 500 Jahren. Die Rechenmeister brachten dem einfachen Volk das Rechnen bei und sorgten so dafür, dass sich Handwerk und Handel entwickeln konnten.

Römische Zahlen: Schreibweise von Zahlen, die auf die alten Römer zurückgeht und in Europa lange weit verbreitet war.

Satz des Pythagoras: Aussage über die Längen a, b und c der Seiten eines rechtwinkligen Dreiecks: $a^2 + b^2 = c^2$.

Stellenwertsystem: Zahlensystem, bei dem die Stellung einer Ziffer wesentlich für ihre Bedeutung ist.

Teiler einer Zahl: Eine Zahl, durch die sich die Ausgangszahl ohne Rest teilen lässt. 2 ist etwa ein Teiler von 8, da 8 : 2 = 4.

Wissenschaftliche Schreibweise: Möglichkeit, mithilfe der Potenzrechnung sehr große und sehr kleine Zahlen übersichtlich darzustellen.

Wurzeln: Umkehraufgabe zum Quadrieren. Die Wurzel aus 9 zum Beispiel ist 3, da $3 \cdot 3 = 9$. In Zeichen: $\sqrt{9} = 3$.

Zahlenfolge: Unendliche Auflistung von Zahlen.

Zahlengerade: Mit ihr lassen sich rationale und irrationale Zahlen darstellen. Je größer eine Zahl ist, umso weiter rechts ist sie auf der Zahlengerade zu finden.

Zähler: Bei einem Bruch die Zahl über dem Bruchstrich.

Bildnachweis

picture alliance: 2ur (Enigma: Photoshot), 16um (A.d.Große: akg-images/ John Hios), 16or (Liszt Collection), 18ul (Rechenbrett: akg-images), 23ol (Aaryan Shukla: dpa/ Friso Gentsch), 25ur (Enigma: Photoshot), 27ur (Z3: dpa/ Paul Zinken), 30or (Prisma Archivo), 36ul (Prisma Archivo), 41ur (dpa/ Alain Goriely/ Mathematical Ins);
Shutterstock: 3or (Africa Studio), 4or (Paket: Hadrian), 5ol (Würfel: Morten Normann Almeland), 5ul (DenPhotos), 5mr (Fussball: creativesunday), 6ul (Fussball: creativesunday), 6ol (Kind: Yuganov Konstantin), 6ol (Zahlentheorie: AAIndia), 6ul (Algebra: VitaliyFV), 7ml (Würfel: Morten Normann Almeland), 7ol (Geometrie: Millisenta), 7ul (Wahlzettel: Aniwhite), 7or (Roboterarm: Gorodenkoff), 7or (Reisender: qoppi), 7ur (Spieltheorie: garetsworkshop), 8or (Schachbrett: Halk-44), 8or (Dominosteine: Ksana Durand), 10ul (DenPhotos), 11o (Paket: Hadrian), 11ur (Ralf Gosch), 14ur (Röm. Zahlen: sjonniesfotos), 15ur (Mönchszahlen: Sidhe), 17ul (Arab. Zahlen: Sidhe), 24ul (Renata Sedmakova), 29um (Zeitung: urfin), 31om (Kugeln: anntavi), 31om (Kugeln: anntavi), 32u (Kugeln: anntavi), 32u (Kugeln: anntavi), 33or (graficriver_icons_logo), 35or (Creative Bringer), 35ur (Africa Studio), 41om (tommaso lizzul), 43ol (4 PM production);
Wikipedia: 13or (CC BY-SA 3.0/ Herbert Klaeren), 26ur (CC BY-SA 3.0/ Herbert Klaeren)

Umschlag: Archiv Tessloff

© 2023 TESSLOFF VERLAG
Burgschmietstraße 2–4
90419 Nürnberg
qualitaet@tessloff.com
www.tessloff.com
Alle Rechte vorbehalten.

Die Verbreitung dieses Buches oder von Teilen daraus durch Film, Funk oder Fernsehen, der Nachdruck, die fotomechanische Wiedergabe sowie die Einspeicherung in elektronische Systeme sind nur mit Genehmigung des Tessloff Verlages gestattet. Die Nutzung dieses Werkes für Text- und Data-Mining nach § 44b UrhG bleibt ausdrücklich vorbehalten.

Text: Dr. Wolfgang Blum
Lektorat: Lorena Lehnert
Gestaltung & Illustration: Annelie Weißmann
Bildredaktion: Christine Schmidt-Rudloff
Druck: Dimograf

ISBN 978-3-7886-7698-8

MIX
Papier | Fördert gute Waldnutzung
FSC® C018236

Danke

Ich danke dem großartigen Team von CICO Books, allen voran Kristine Pidkameny und Penny Craig, für ihre Unterstützung bei der Zusammenstellung dieses Buchs. Mein Dank geht auch an Gina Rosas Moncada für die wunderschöne Illustration, die dem Thema Leben einhaucht. Mein ganz besonderer Dank geht an meine Mutter. Ihre Leidenschaft für die Familiengeschichte, ihr unglaubliches Wissen darüber und ihre Fähigkeit, die Spuren unserer Ahnen nachzuvollziehen, haben mich auf die Idee zu diesem Buch gebracht. Zu sehen, woher ich komme, und einige der schillernden Persönlichkeiten meiner eigenen Familie kennenzulernen, hat mich inspiriert und angespornt. Dank meiner Mutter und all der Arbeit, die sie in das Erforschen der Vergangenheit investiert hat, kenne ich meine Wurzeln, die Begabungen und Talente, die ich geerbt habe, und die Geschichten und Lektionen meiner Ahnen. All dies werde ich mein Leben lang schätzen.